自我治愈心理学

别让你的自尊无药可医

■ 罗 金/著

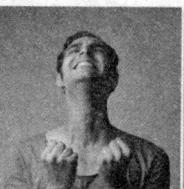

中国财富出版社

图书在版编目(CIP)数据

自我治愈心理学：别让你的自尊无药可医 / 罗金著. —北京：中国财富出版社, 2017.1 (2021.6 重印)

ISBN 978-7-5047-6269-6

Ⅰ.①自… Ⅱ.①罗… Ⅲ.①自尊—通俗读物 Ⅳ.①B842.6-49

中国版本图书馆CIP 数据核字(2016)第 219379号

策划编辑	张彩霞		**责任编辑**	刘瑞彩			
责任印制	梁 凡 郭紫楠	**责任校对**	梁 凡 张营营		**责任发行**	杨恩磊	

出版发行	中国财富出版社
社　　址	北京市丰台区南四环西路 188 号 5 区 20 楼　邮政编码　100070
电　　话	010-52227588 转 2098(发行部)　010-52227588 转 321(总编室)
	010-52227588 转 100(读者服务部)　010-52227588 转 305(质检部)
网　　址	http://www.cfpress.com.cn
经　　销	新华书店
印　　刷	三河市天润建兴印务有限公司
书　　号	ISBN 978-7-5047-6269-6/B·0507
开　　本	710mm×1000mm　1/16	版　次	2017 年 1 月第 1 版
印　　张	17.25	印　次	2021 年 6 月第 2 次印刷
字　　数	232 千字	定　价	55.00 元

版权所有·侵权必究·印装差错·负责调换

前 言

心理学上讲：自尊，即自我尊重，是个体对其社会角色进行自我评价的结果。自尊是通过社会比较形成的，是个体对其社会角色进行自我评价的结果。自尊首先表现为自我尊重和自我爱护。自尊还含有要求他人、集体和社会对自己尊重的期望。

自尊来源于自尊的需要，包括两方面：一是对成就、优势与自信等的欲望；二是对名誉、支配地位、赞赏的欲望。形成自尊感的要素有安全感、归属感、成就感等，这些因素都与个体的外在环境有关。

美国机能主义心理学的先驱威廉·詹姆斯在《心理学原理》（1890）一书中提出了一个自尊的公式：自尊=成功÷抱负。意思是说：自尊取决于成功，还取决于获得的成功对个体的意义，增大成功和减小抱负都可以获得较高的自尊。成功或许有许多制约因素，不是很容易就做到的，但我们可以降低对工作和生活的期望值，这样，一个小的成功就可能使我们欣喜不已。

首先，我们要学会自信，美国作家爱默生说过："自信就是成功的第一秘诀。"人生最大的缺失，莫过于失去自信。自信是自己拯救自己的一种原动力。自信是一束阳光，它会照亮人的奋斗之路，一个人成就的大小，取决于其自信程度的高低，正如河流的高度永远不会超过它的源头一样，一个人所取得的成就往往不会超出他所拥有的自信的高度。所以，想取得更高层次的成功，就要具有更高层次的信心。信心有多大，成就就会有多高。

其次，我们要学会爱自己，每个人都想亲近这个世界，都想爱这个世界，但是不要忘了，你只有先亲近自己，才能真正亲近这个世界。一个与自己疏远了的人，一个抛弃了真实自我的人，一个不爱自己的人，根本不可能爱这个世界。人生，是一个从荒芜到芳草萋萋的过程，在这个过程中，我们最大的目标就是追求幸福。要想获得幸福，我们就必须从心理上站在自己一边，自己亲近自己，自己关爱自己。你无须反对他人，但一定要支持自己。

最后，我们要学会改变自己去适应环境，社会的现状永远不可能尽善尽美，纷繁复杂的人际关系永远不可能清澈透明。生活在这个世界上，你就必须不断面对诸如地震、瘟疫、洪水等种种天灾，还有战争、欺骗、陷害等人祸。这都是无法改变的客观现实。但是，不管社会存在多少遗憾与不足，它照样一日千里地向前发展，人们照样和谐而快乐地相处与交流。这才是世界发展的本质，是人们生活的主流。如果说"看清看透"能够让我们活得更理性、更透彻，那么，"别看破"才能让我们活得更快乐、更具建设性。

相信自己、喜爱自己、信赖自己，这些方面统一构成了我们人格中最为基础的维度：自尊感。

一个人没有自尊心，幸福便无从谈起。相反，自尊心太强，又会经常感到受伤。自尊有强弱之分，过强则成虚荣心，过弱则变成自卑。

好在，这一切都是可以调整的。

本书教读者科学地为自己的自尊心做专业全面的自我体检，就如何建立自尊、如何完善自尊、自尊调适过程中会存在哪些主要问题、如何评估自尊，等等，提供具体的解决方法。丰富真实的案例，科学到位的分析，精彩的点评和恰当指导，为这本专业的心理自助书增色不少。

目 录

第一章 认识自己，把自己放在正确的位置 …………… 1
1. 认识你自己，做最好的你 …………………………… 2
2. 让优势主导你的人生 ………………………………… 5
3. 输在模仿，赢在创造 ………………………………… 8
4. 把自己放在正确的位置 ……………………………… 11
5. 没有谁可以真正让你一无所有 ……………………… 14
6. 追求完美只是在浪费时间 …………………………… 16
7. 克服弱点，升华你的整体素质 ……………………… 19
8. 天下没有"怀才不遇"这回事 ……………………… 24

第二章 相信自己，挡住你的只是一张纸 …………… 29
1. 看重自己，信任自己 ………………………………… 30
2. 你缺少的只是一个机会 ……………………………… 33
3. 拥有自信者的独特姿态 ……………………………… 37
4. 不是没有跳高的能力，而是没有跳高的勇气 ……… 40
5. 以积极的信念支配人生 ……………………………… 42
6. 上场前先做个"V"字手势 ………………………… 45
7. 去做事吧，你将会拥有一股神奇的力量 …………… 49
8. 你的信念有多充实 …………………………………… 52

第三章　志存高远，做最好的自己 ……………………………… 55
1. 远大的目标能激发人的潜能 …………………………… 56
2. 安于现状，是最大的陷阱 ……………………………… 59
3. 用充满激情的心拥抱未来 ……………………………… 62
4. 用心规划，人生才不会迷茫 …………………………… 65
5. 不是逆来顺受，而是主动承受 ………………………… 68
6. 有做小事的精神，才有做大事的气魄 ………………… 70
7. 积极面对人生，掌控生活 ……………………………… 73
8. 只选一把椅子坐 ………………………………………… 78

第四章　微笑向前，爱上不完美的自己 …………………………… 81
1. 真实的人生没有完美可言 ……………………………… 82
2. 欣赏自己，包容自己 …………………………………… 85
3. 不要拿别人的标准来衡量自己 ………………………… 88
4. 婚姻没有完美，接受最合适的爱人 …………………… 91
5. 接受现实，从现状出发 ………………………………… 94
6. 有一只柠檬，就用它做一杯柠檬水 …………………… 98
7. 学会享受人生的羁绊 …………………………………… 102
8. 爱上自己的不完美 ……………………………………… 106

第五章　坚持自我，不要成为"别人嘴里"的牺牲品 …………… 111
1. 尽早知道自己想要什么 ………………………………… 112
2. 自己拿主意，不要被别人所左右 ……………………… 116
3. 不必追求每个人都满意 ………………………………… 119
4. 选择自己喜欢的，而不是别人满意的 ………………… 122
5. 不要在别人给的荣耀里忘乎所以 ……………………… 125
6. 承认错误是尊重自己 …………………………………… 127
7. 别人的建议要理智对待 ………………………………… 131
8. 命运不在别人嘴里，而在自己手中 …………………… 134

第六章　善待自己，适时放下不必要的固执 …… 139
1. 犯错后，请学会原谅自己 …… 140
2. 不念旧恶，莫设心囚 …… 143
3. 一失足并非成千古恨 …… 145
4. 以平常心面对得失 …… 148
5. 转换看问题的视角 …… 150
6. 不要预支明天的忧虑 …… 153
7. 给不了就转身，得不到就放手 …… 158
8. 适时地放下无意义的坚持 …… 162

第七章　保持清醒，别"死要面子活受罪" …… 165
1. "打肿脸充胖子"只能证明你心虚 …… 166
2. 不重视"面子"会活得更好 …… 168
3. "匹夫之勇"要不得 …… 170
4. 最大的好处，也许是最深的陷阱 …… 174
5. 忘掉辉煌，才能重新创造奇迹 …… 176
6. 敢于拒绝，必要时学会说"不" …… 179
7. 不要两次走进一条死胡同 …… 183
8. 交朋友要懂得取舍 …… 186

第八章　恃才不傲，得理也要让三分 …… 189
1. 功高之时莫要忘记别人 …… 190
2. 学会恰到好处地把功劳让给上司 …… 193
3. 大智若愚，大巧若拙 …… 197
4. 低下头去实干，用成绩说服别人 …… 200
5. 别在失意者面前炫耀你的得意 …… 203
6. 放下"身架"才能提高"身价" …… 206
7. 给人好处千万不要挂在嘴上 …… 208
8. 得理也要让三分 …… 210

第九章　调整自身，适应你所在的环境 ……………… 215
　1. 适应环境是人的潜能 ………………………………… 216
　2. 改变不了环境，就改变自己 ………………………… 218
　3. 逆境是上天的恩赐 …………………………………… 221
　4. 先考虑自己是否让人喜欢 …………………………… 224
　5. 没有绝望的处境，只有对处境绝望的人 …………… 227
　6. 不做害怕变化的"恐龙族" …………………………… 230
　7. 此路风景独好，彼路风景更胜 ……………………… 234
　8. 对冷落你的人也要报以笑脸 ………………………… 239

第十章　自我修炼，提高个人涵养 ……………………… 243
　1. 爱人者，人恒爱之 …………………………………… 244
　2. 失去道德标准将失去一切 …………………………… 246
　3. 宽容是最高尚的人格 ………………………………… 248
　4. 播种善良才能收获希望 ……………………………… 251
　5. 在低谷的寂寞中成长 ………………………………… 254
　6. 嫉妒害人，生气不如争气 …………………………… 257
　7. 你需要的是水，就不要去比较杯子 ………………… 260
　8. 谁也不能帮你驱除孤独，你必须学会爱自己 ……… 263

第一章

认识自己，
　把自己放在正确的位置

1. 认识你自己，做最好的你

在希腊帕尔纳索斯山南坡上，有一个驰名古希腊的戴尔波伊神托所。在神托所入口的石头上刻着两个词，用现代话来说，就是：认识你自己。

古希腊哲学家苏格拉底经常引用这句格言，后世人们认为这是他讲的话。但在当时，人们则认为这句格言就是阿波罗神的神谕。这其实是家喻户晓的一句民间格言，是希腊人民的智慧结晶，后来才被附会到大人物或神灵身上去。两三千年前的这句格言直到今天对人们来说还有着同样重要的意义，它时刻提醒着人们认识自我、把握自我、实现自我。

只有当你认识自己之后，你才能客观地评价和正确对待你自己的优点和缺点。你知道自己行为上的不足之处以及情感上的缺陷，才能想方设法来克服这些不足——取人之长，避己之短。

19世纪，约翰·皮尔彭特从耶鲁大学毕业，前途看上去充满了希望。然而命运似乎有意捉弄他，皮尔彭特对学生是爱心有余而严厉不足，他很快就结束了做教师的职业生涯。但他并没有因此而灰心，依然信心十足。不久他当了一名律师，准备为维护法律的公正而努力。但他的性格似乎一点都不适合这一职业。他认为当事人是坏人就会推掉找上门来的生意；他认为当事人是好人又会不计报酬地为之奔忙。对于这样一个人，律师界当然感到难以容忍，皮尔彭特只好再次选择离去，成了一位纺织品推销商。然而，他好像并没有从过去的挫折中吸取教训。他看不到商场竞争的残酷，在谈判中总让对手大获其利，而自己只有吃亏的份儿。于是，他只好再改行当了牧师。然而，他又因为支持禁酒和反对奴隶制而得罪了教区信徒，被迫辞职……

1886年，皮尔彭特去世了。在他81年的生命历程中，似乎一事无成。但是，你一定听过这首歌："冲破大风雪，我们坐在雪橇上，快奔驰到田野，我们欢笑又歌唱，马儿铃儿响叮当，令人精神多欢畅……"

这首家喻户晓的儿歌——《铃儿响叮当》，它的作者正是皮尔彭特。这是他在一个圣诞节前夜作为礼物，为邻居家的孩子们写的。因为他有着开朗乐观的性格、博大无私的胸怀、纯洁明净的内心，所以才能写出这样一首充满爱心和童趣的优秀作品。

由此看来，皮尔彭特之所以没有成为一个称职的教师、律师、推销商和牧师，之所以在这些领域里做得一塌糊涂，就在于他的性格不适合这些职业。而他最适合的职业就是作家。可惜他选错了职业，最后才落得如此结局。

皮尔彭特的故事告诉我们，再贵重的东西如果用错了地方，也只能是垃圾或废物。在人生的坐标系里，一个人占到好地盘，比什么都强。

所以，看看自己的位置错了没有？位置站错了，那么一开始你就错了，如果还要继续错下去，你可能会永久地在卑微和失意中沉沦。

让我们再来进一步探讨。爱因斯坦在科学上的贡献家喻户晓，而在20世纪50年代爱因斯坦曾收到一封信，信中邀请他去当以色列的总统。爱因斯坦毫不犹豫地予以拒绝。他在回信中写道："我整个一生都在同客观物质打交道，因而既缺乏天生的才智，也缺乏经验来处理行政事务及公正地对待别人，所以，本人不适合如此高官重任。"

历史学家则认为，"爱因斯坦是清醒而明智的，他的智慧和美德不仅在于他发现了相对论，还在于他发现了自己"。

有时一个人竭尽全力去做一件事而没有成功，并不意味着做其他事不会成功，所以在行动之前，先要想一下，选择一条适合自己的道路。

而我们很多人，在人生道路上的错误往往自从事与自己性格不符的职业开始：售货员想要教书，而天生的教师却在经营着商店；本来只配粉刷篱笆的人却在画布上涂鸦；有人站在柜台后面三心二意接待顾客的同时却梦想着其他职业；一位优秀的鞋匠为自己社区的报纸写了几行诗歌，朋友们就把他称为诗人，于是他竟然放弃了自己熟悉的职业，利用自己并不熟悉的电脑来写作……

难怪美国总统富兰克林感叹："有事可做的人就有了自己的产业，而只有从事天性擅长的职业，才会给他带来利益和荣誉。站着的农夫要比跪着的贵族高大得多！"

所以说，决定你能否成为最好的自己的，既不是物质财富的多少，也不是身份的贵贱，关键是看你是否拥有实现自己理想的强烈愿望，看你的性格优势能否充分地发挥。

人们熟知的一些成功人士，就是在普通的岗位上，充分发挥了自己的性格优势，做好自己身边的每一件事，才创造了最好的自己。

1998年5月，华盛顿大学有幸请来世界巨富沃伦·巴菲特和比尔·盖茨演讲。当学生问"你们是怎么变得比上帝还富有的"这一有趣的问题时，巴菲特说："这个问题非常简单，原因不在于智商。为什么聪明人不会做阻碍自己发挥全部能力的事情呢？原因在于习惯、性格和脾气。就像我说的，这里的每个人都完全有能力获得和我一样的成功，甚至超过我。但是有些人做得到，有些就做不到。做不到的那些人，是因为你自己阻碍了自己，而不是这个世界不让你做到；你压抑了自己的性格、扼杀了自己的天赋。一句话，自己挡住了自己的路！"

仔细思考一下,你还在"自己挡住自己的路"吗?如果是,那么你永远也不可能成功,决定成败的不是你尺寸的大小,而是做一个最好的你。

正如一位诗人所说的:"如果你不能成为山顶上的高松,那就当棵山谷里的小树吧,但要当棵最好的小树。如果你不能成为一棵小树,那就当丛小灌木。如果你不能成为一丛小灌木,那就当一片小草地。如果你不能是一只香獐,那就当一尾小鲈鱼,但要当湖里最活泼的小鲈鱼。"

2. 让优势主导你的人生

每个人都潜藏着独特的天赋,这种天赋就像金矿一样埋藏在我们平淡无奇的生命中。那些总在羡慕别人而认为自己一无是处的人,是永远挖掘不到自身的金矿的。

一个穷困潦倒的青年,流浪到巴黎,期望父亲的朋友能帮他找一份谋生的差事。

"数学精通吗?"父亲的朋友问他。

青年羞涩地摇头。

"你懂物理吗?或者历史?"

青年还是不好意思地摇头。

"那法律呢?"

青年窘迫地垂下头。

"会计怎么样?"

父亲的朋友接连地发问,青年都只能摇头告诉对方,似乎一无所长,连丝毫的优势也找不出来。

他父亲的朋友对他说:"可是,你要生活呀!将你的住处留在这张纸上吧!"青年羞愧地写下了自己的住址,急忙转身要走,却被父亲的朋友一把拉住了:"年轻人,你的名字写得很漂亮嘛,这就是你的优势啊。你不该只满足于找一份糊口的工作。"

把名字写好也算一种优势?青年在对方眼里看到了肯定的答案。青年人受到鼓励以后自信了很多,他想:我能把名字写得叫人称赞,那我就能把字写漂亮,能把字写漂亮,我就能把文章写得好看……他一点点地放大看自己的优势,看到了成功的希望。

数年后,这个青年果然写出了享誉世界的经典作品。他就是18世纪法国著名作家大仲马,他写的《基督山伯爵》和《三个火枪手》受到世界各国人民的喜爱。

把名字写得好,也许你对此不屑一顾:这算什么!然而,不管这个优点有多么"小",但它毕竟是一种优势。大仲马便以此为基础,扩大他的优势范围。名字能写好,字也就能写好;字能写好,文章为什么就不能写好呢?

世间有许多平凡人,拥有一些诸如"能把名字写好"这类小小的优势,但由于自卑等原因常常忽略了它,没能抓住这些优势,结果失去了许多可以成功的机会,这实在是人生的遗憾。须知每个平淡无奇的生命中,都蕴藏着一座丰富的金矿,只要肯挖掘,哪怕仅仅是微乎其微的一丝优点的暗示,沿着它也会挖掘出令自己都惊讶不已的宝藏。

有一个法国人，在学习、工作和事业上都很不顺心。他没有好的家庭背景，只有中学学历，在一家小公司里从事打扫厕所的工作。他对自己缺乏信心，觉得自己的人生充满悲哀和无奈。几乎整整五年，他每天早上起床后，就一成不变地上班、干活，与有限的几个朋友来往。他已经接受了这种生活方式，认为自己的生活只能如此。

有一天，一位老人搬到了他的隔壁。这位老人号称不仅能预知未来，还知道别人的前生。每天上下班时，年轻人经常会碰见老人，并和他聊几句。有一天，老人坐在年轻人身边，称已经感觉到了年轻人的前生。老人告诉年轻人，他的前生是拿破仑，是历史上最伟大的政治家、军事家和领导人之一。拿破仑虽然出身卑微，但却通过勤奋和努力从科西嘉岛的平民成为法国陆军的军官，最终成为法兰西第一帝国的皇帝。

年轻人不以为然地离开了，但心里却有了一种从未有过的伟大感觉。他对拿破仑产生了浓厚的兴趣。回家后，他想方设法找到与拿破仑有关的一切书籍来学习。他开始了解拿破仑的生平，以及他的领导才能、性格和品质方面的细节和优势。他慢慢地发现，自己身上也潜藏着同样的一些优势。他研究拿破仑在领兵打仗时表现出的领导才能、指挥才能和统帅才能，越来越发现自己也具有同样的潜能。

他开始研究其他军事将领，研究军事史，研究学习领导才能。他时常发现，自己具有历史上各国领导者表现出的许多相同的优势。这些优势越积越多，在工作中，他的言谈举止就越来越像一位领导者。

他主动请求改变自己的工作职位，承接一些他原先想都没有想过的任务。公司领导感觉到他不再是以前那个无所事事的员工，全身都透出一种精明能干的干劲，于是开始交给他一些有挑战性的工作。遇到更难的工作时，年轻人已不再胆怯和害怕，他全身心地投入工作，并出色地完成任务，并在业余时间学习与工作有关的业务知识。他所了解的知识越来越多，经验也越来越丰富，他的职位不断得到提升。

经过几年的进步，他已经完全摆脱了一无是处的形象，彻底转变成了一个大胆、自信的管理者，成为行业的佼佼者。

这个年轻人的改变并不是奇迹，在他没有意识到自己的优势潜能之前，只能流于平庸而且清贫的生活，他一成不变地任由命运的摆布，浑浑噩噩五年多而无所获。但是，当他真的认为自己的前世是拿破仑以后，他的人生态度就有了改观。他开始以拿破仑的品质和处事方法来要求自己，从拿破仑身上学习他赖以成功的优势，从而使自己在无形中也具有了这些优势。在这些优势的塑造过程中，他的处事方法也发生了巨大的转变。他在不断进步中获得了优势，并发挥出了优势，所以在事业上也青云直上，终有成就了。

许多人成功，都源于找到了自身的优点，并努力地将其放大，放大成超越自己和他人的明显优点。我们每一个人，特别是不自信的人，切不可低估自己的能力，而对自身的小优点视而不见。你不要死盯着自己学习不好、没钱、相貌不佳等不足的一面，你还应看到自己身体好、会唱歌、字写得好等不被外人和自己发现或承认的优点。把这些优点发挥出来，更进一步地放大，你也可能因此而成功。

3. 输在模仿，赢在创造

当你在某个竞争领域成为领军人物的时候，要想以单一的方式保护自己已经拥有的地位是不可能的。因为你的对手时刻都不会放弃对你的学习和模仿。不管是在什么领域里，只要你有最佳方案推出，他们一定会迫不及待地模仿，而且他们完全有能力收到和你所取得的相同的效果。

这听起来好像很无奈，好像这个世界找不到出路，前途渺茫，没有办法再实现自己的人生价值。这种悲观情绪一旦形成，就可能给我们增添许多压力，阻碍我们前进的脚步。其实，发生这样的事情，你完全可以换个角度来想：你能够被模仿，是别人在肯定你的价值，没有人会对一个没有价值的方案感兴趣。而一直在模仿的竞争中，这种环境将不断地激励你，使你奋发图强，勇敢地超越自己、突破自己。面对当前激烈的竞争，我们能够做的，只能是敢想、敢做、敢突破。

路在何方？答案只有一个，那就是创新。虽然影响市场竞争的因素很多，但是只有创新才能在日益激烈的竞争中开辟出属于自己的道路。在企业里，总是有一些人喜欢人云亦云，别人说过的话，他再重复，还是会说得津津有味；别人做过的事情，他也不假思索地模仿，从来不去用心找寻一条属于自己的路。这种人被人们赋予了一个形象的名字——鹦鹉人。

这些企业之中的鹦鹉人，虽然一直热衷于模仿，甚至可能会将别人的最佳方法学得惟妙惟肖，但是在这个讲求个性的时代里，这类人并不受企业的欢迎。

我们并不排斥学习别人，能够学习别人的优点，这是好事。但是要在学习的基础上走出自己的路。任何领域里，模仿得再像，也无法超越真品的价值，赝品虽然也能够让人赏心悦目，但是永远也达不到真品的价值。

韩国现代集团创始之时，其创始人郑周永投资创建了蔚山造船厂，目标是造10万吨级超大油轮。很快，船厂就建起来了。由于当时很多人对韩国人自己造这么大吨位的油轮持怀疑态度,因此几个月过去了,竟然连一个客户都没有。

这下可急坏了郑周永。因为建造船厂的大量资金用的是银行贷款,一旦长时间接不到订单,不仅银行的巨额资金无法归还,甚至会使自己陷入破产的境地。

该怎么办呢?郑周永苦思冥想。突然,他从自己收藏的一堆发黄的旧钞票中,看到了一张500韩元纸币,纸币上印有15世纪朝鲜民族英雄李舜臣发明的龟甲船。龟甲船是古代的一种运兵船,当时李舜臣就是用它粉碎了日寇的侵略,捍卫了国家的尊严。

郑周永意识到这是一个绝好的机会,他一面叫人根据这张旧钞的内容制造了大量宣传品,一面拿着这张旧钞四处游说,宣传朝鲜在500多年前就已经具备了造船能力,因此现在完全有能力建造现代化大油轮。

经过反复宣传,郑周永很快拿到了两张各为13万吨级油轮的订单。

郑周永的创新不仅使自己的船厂绝处逢生,走进造船业的前列,而且也为国家争得了荣誉。

一个人若总是热衷于模仿,就会失去自己的风格,这样他永远也无法拥有只属于自己的独一无二的特性。但是创新也不是一件轻而易举的事情。我们每个人可能都有这样的习惯:自己不愿意思考,总是希望别人有现成的东西供我们借鉴和使用。用别人的方法解决了问题,却不去思考别人的方法是怎样得来的,也不及时地总结学习经验。时间久了,我们就失去了创新的积极性。

虽然走出一条创新的道路有点难,但是它并不是一座不可跨越的山峰。只要你将眼光投放在远处,不要只将注意力放在自家后院,而是注意到别人庭院里的风景,并将他们的别致之处与自己的相结合,你就可以走出属于自己的独特道路。

4. 把自己放在正确的位置

人生犹如一张地图，必须找到目前你所在的准确位置并确定最终的目的地所在，才能描绘出一道清晰的生命轨迹。定位人生的坐标是为了在人生关键的几步上走得更稳健、更踏实。"让世界退立一旁，让任何知道自己要往何处去的人通过"，明确自己想要的人生，确定自己心中的未来，命运的钥匙就在自己的手心里。

熙熙攘攘的伦敦街头，繁华的霓虹灯下，一个可怜的乞丐站在地铁出口处卖铅笔，很多人看也不看一眼便越过他直奔自己的目的地。乞丐正盘算着如何更好地乞讨以解决自己的晚餐时，一名商人路过，向乞丐杯子里投入几枚硬币，匆匆忙忙而去。过了一会儿商人转回来取了支铅笔，他说："对不起，我忘了拿铅笔，你我毕竟都是商人。"乞丐犹如遭遇当头棒喝……

几年后，商人参加一次高级酒会，遇见了一位衣冠楚楚的先生向他敬酒致谢。这位先生说，他就是当初卖铅笔的乞丐。他生活的改变，得益于商人的那句话：你我毕竟都是商人。这句话给了他重新定位人生的机会。

这个故事告诉我们：当你自我定位于乞丐时，你就是乞丐；当你自我定位于商人时，你就是商人。定位对于人生举足轻重，一个人的发展在某种程度上取决于自我的评价，在自我心目中你把自己定位成什么，你就是什么，因为定位能决定人生，定位能改变人生。

在莎士比亚的名剧《哈姆雷特》中，大臣波洛涅斯告诉他的儿子：

"至关重要的是，你必须对自己忠实；正像有了白昼才有黑夜一样，对自己忠实，才不会对别人欺诈。"波洛涅斯劝告儿子要根据自身最坚定的信念和能力去生活——去正视不同的世界，同时，必须尊重他人的权利。

然而，大多数人总发现自己在犹豫之中。

怎样做才能不虚度一生？

怎样才能知道自己选择了合适的职业或恰当的目标呢？

威特勒教授的研究结果和经历证实，与其让双亲、老师、朋友或经济学家为我们制订长远规划，还不如自己来了解一下我们"擅长"做什么。

由于中学时一直取得优等成绩，威特勒被安纳波利斯的美国海军专科学院录取。当时，他发现在那里毕业将会是一场战斗。为了取悦父亲，他上了这个定向于工程学的学校。但是这却不知不觉地远离了他天生喜爱的专业——通讯和人际交往。后来的海军生活使他懂得了约束自己、调整目标和协调工作。但是，找到他真正喜爱的能够展示自己才能的职业却花费了将近30年。

罗杰·罗尔斯是美国纽约州历史上第一位黑人州长。他出生在纽约声名狼藉的大沙头贫民窟，这里环境肮脏，充满暴力，是偷渡者和流浪汉的聚集地。在这儿出生的孩子，对恶行耳濡目染，从小就学会了逃学、打架、偷东西甚至吸毒，长大后很少有人从事体面的职业。然而，罗杰·罗尔斯是个例外，他不仅考入了大学，而且当上了州长。

在就职的记者招待会上，一位记者问，是什么把您推向州长宝座的。面对300多名记者，罗尔斯对自己的奋斗史只字未提，只谈到了他上小学时的校长——皮尔·保罗。

1961年，皮尔·保罗被聘为诺比塔小学的董事兼校长。当时正值美国嬉皮士流行的时代,他走进大沙头诺比塔小学的时候,发现这儿的穷孩子比"迷惘的一代"还要无所事事。他们不与老师合作,旷课、斗殴,甚至砸烂教室的黑板。皮尔·保罗想了很多办法来引导他们,可是没有一个是奏效的。后来他发现这些孩子都很迷信,于是在他上课的时候就多了一项内容——给学生看手相。他用这个办法来鼓励学生。

当罗尔斯从窗台上跳下,伸着小手走向讲台时,皮尔·保罗对他说:"我一看你修长的小拇指就知道,将来你会成为纽约州的州长。"当时,罗尔斯大吃一惊,因为长这么大,只有他奶奶让他振奋过一次,说他可以成为5吨重的小船的船长。这一次,皮尔·保罗先生竟说他可以当纽约州的州长,着实出乎他的意料。他记下了这句话,并相信了它。从那天起,罗尔斯的衣服上不再沾满泥土,说话时也不再夹杂污言秽语了。他开始挺直腰杆走路,在以后的40多年间,"纽约州州长"就像一面旗帜,他没有一天不按州长的身份要求自己。51岁那年,他终于成了州长。

种瓜得瓜,种豆得豆。我们所得的报酬取决于我们所做的贡献。你也许会因自己在生活中的位置,或者荣获赞誉,或者蒙受耻辱。有责任心的人关注的是那些束缚自己的枷锁,在关键时刻,宣告自己的独立。

从现在开始,请把自己放在正确的位置,选择适合自己的人生,不要因为他人的看法而改变自己的定位,正确与否只有自己才有发言权。

5. 没有谁可以真正让你一无所有

人生就像电台的歌曲排行榜，有的人排在前面，有的人排在后面，有的人粉丝如云，有的人孤单寂寞……且不说一直都在苦苦挣扎的小人物，就是有过一定业绩和成就的人，在快速多样的竞争中，也可能虎落平阳、龙困浅滩，尝遍人生冷暖啊。

但头脑清晰、性情开朗的人，总会把坎坷的经历当作一场必需的考试，竭尽全力应对，实在无力扭转失利的时候，他们也会用退一步海阔天空来安慰自己，先给自己一个喘息休整的机会，然后等待机遇再做奋斗，这是一种积极的处事态度。

而大多数人却无法做到这样的豁达，他们在不被人肯定的时候往往容易自我否定。一旦遭到比较大的打击和失利，马上就会开始怀疑自己的能力，抱怨自己的处境，降低自己的目标，甚至觉得自己一无是处。

如果你想成功，千万不能有这样的消极信念，其实，除非你放弃自己，否则，没有谁可以真正让你一无所有！

你要相信，即使别人再强势，剥夺的只是你的某一个或者某一段时间的机会，那些压迫性的影响仅能让你暂时没有收获。此刻的你，只要不是自己仰身倒下，绝对还有更多的选择在等待你的尝试。

贝多芬在被世人认可之前，曾拜在交响乐之父海顿的门下学习。和大多数学生不同的是，贝多芬并未被老师头顶的光环所威慑，反而总想进行一些突破性的尝试，改变古老的、墨守成规的创作乐风，让音乐解脱束缚。由于彼此固执己见，贝多芬和海顿经常争吵不休。而率直的贝多芬觉得并未在老师那里学到更有用的技巧和方法，于是他就在独立创作的《第二交响乐》上只写上自己的名字，但由于贝多芬当时正师从海顿，按照常规，他创作的曲谱也要写上海顿的名字。这让海顿十分恼怒，于是辞退了这个胆大妄为的学生。

然而，就像贝多芬所说："一匹奔腾的骏马绝不会让苍蝇叮了几口后就裹足不前！"面对众人的批评，尽管充满了痛苦和困惑，贝多芬还是坚定地选择了搏击和对抗，让新音乐的风格蓬勃发展。

再次出发后，贝多芬不断进行音乐革新，然而他招致的攻击也越来越多。但他没有花费时间去争辩和苦恼，而是跳过这些苛刻的指责，充分挖掘自己的潜力，谱写出更多、更优美的乐章，赢得了世界人民的尊敬与热爱。

当自己不被人承认的时候，我们虽然没有光环，但是我们有信念！当你低调地走过一段压顶的荆棘后，曾经满布伤痕的躯体才能更强壮，你才终于可以昂起头，用淡然的微笑对抗那些永远都存在的大小伤害。

美国国际商用机器公司（IBM）的创始人托马斯·沃森创业之前，曾在现代商业先驱约翰·亨利·帕特森的公司工作。当他刚在公司取得良好业绩准备大展拳脚的时候，却遭到谗言陷害，被帕特森解雇了。在那段难熬的时间里，沃森得到的帮助和安慰非常有限，但他强打精神，让自己用最好的状态和充分的准备应付未来的全新挑战。夜深时分，他总是一遍遍地告诉自己："我可以重新再来！我要创造另外一个企业，一定要比帕特森的还要大！"

后来，沃森果然让那个夜晚的誓言成为现实。

现在，仔细回顾自己走过的日子，我们就会发现，那些当初对你不信任或敌视你的人，其实对你的影响大多是积极的。试想，如果这个人当时的判断是正确的，那么他的话语虽然冷酷无情，却能让你看到自己的不足，及时做出调整，得到一个良好的经验，为将来储存必要的能力；如果这个人的判断完全错误，那么我们损失的只是短暂的利益，我们甚至还可能因为别人的轻视而激发斗志，创造奇迹！

无论如何，只要不因为别人对自己的不良评价而主动放弃，你就是一个胜出者。

6. 追求完美只是在浪费时间

追求完美本身是好事，这是值得提倡的，尤其是比赛场上，只有这样才能不断挑战自我，超越自我。因为在竞争如此激烈的赛场上，如果你不进步，就意味着被淘汰。但是，凡事都有一个度，过分热衷于完美，就会与自己的初衷脱节。

哲人说："完美本是毒。"生活中，如果事事追求完美其实是一件痛苦的事，就如毒害心灵的药饵！世界上总是有很多人坚持完美主义，他们对那个永远不可能实现的目标孜孜不倦，表面上他们多么勤奋和努力，实际上，他们是在浪费时间。

有位伟大的雕刻家就是一位完美主义者，他所完成的雕像，令人几乎难以区分哪个是真人、哪个是雕像。有一天，死亡之神告诉雕刻家他的死亡时刻即将来临。

雕刻家非常伤心，他和所有人一样，也害怕死亡，也不想死。他苦思冥想了很久，最后终于想到一个好方法，他做了11个自己的雕像。当死神来敲门时，他藏在了那11个雕像之间，屏住了呼吸。

死神感到困惑，他看到了12个一模一样的人，他无法相信自己的眼睛，从未发生过这种事！从没听说过上帝会创造出两个完全一样的人，这个世界上每个人都是唯一的。

这是怎么回事？死神无法确定自己究竟该带走哪一个？他只能带走一个……死神无法做决定。带着困惑，他回去了，他问上帝："你到底做了什么？居然会有12个一模一样的人，而我要带回来的只有一个，我该如何选择？"

上帝微笑着把死神叫到身旁，在死神耳旁轻声说了一句话。

死神问："真的有用吗？"

上帝说："别担心，你试了就知道。"

死神半信半疑地来到那个雕刻家的房间，往四周看了看，说："先生，一切都非常的完美，只是我发现这里还有一点瑕疵。"

这个追求完美的雕刻家完全忘记了自己此刻的处境，立即跳了出来问："什么瑕疵？"

死神笑着说："哈哈，终于抓到你了，这就是瑕疵——你无法忘记你自己，天堂都没有完美的东西，何况人间。走吧，你的死亡时刻已经到了！"

是啊，天堂都没有完美的东西，何况人间。

这世上的每件事都存在着两面性，所以有时看似完美的事，未必就代表着圆满，而反过来，想起来有所缺憾的事，有时可能从另一方面带给人意想不到的惊喜以及收获。用西方人的话说就是："当上帝对你关上一扇门的时候，定会为你开一扇窗。"

国王有七个女儿，这七位美丽的公主是国王的骄傲。她们那一头乌黑亮丽的长发远近皆知。国王送给她们每人一百个漂亮的发夹。

有一天早上，大公主醒来，一如往常地用发夹整理她的秀发，却发现少了一个发夹，于是她偷偷地到二公主的房里，拿走了一个发夹。

二公主发现少了一个发夹，便到三公主房里拿走一个发夹；三公主发现少了一个发夹，也偷偷地拿走四公主的一个发夹；四公主如法炮制拿走了五公主的发夹；五公主同样拿走六公主的发夹；六公主只好拿走七公主的发夹。于是，七公主的发夹只剩下了九十九个。

隔天，邻国英俊的王子忽然来到皇宫，他对国王说："昨天我养的百灵鸟叼回了一个发夹，我想这一定是属于公主们的，这真是一种奇妙的缘分，不晓得是哪位公主丢了发夹？"

公主们听到这件事，都在心里说："是我丢的，是我丢的。"

可是她们头上明明完整地别着一百个发夹，所以都懊恼得很，却说不出。只有七公主走出来说："我丢了一个发夹。"

话才说完，七公主一头漂亮的长发因为少了一个发夹，全部披散了下来，王子不由得看呆了。故事的结局，当然是王子与七公主从此一起过着幸福快乐的日子。

如果说前六位公主的一百个发夹代表着一种圆满、完美的人生，那么七公主少了一个，她的人生也就等于有了缺憾，但是事实上，得到幸福的正是她，正因为这种缺憾的存在，让未来产生无限的可能性，无限的意外，无限的新鲜未知，这未尝不是一件值得开心的事。

其实，哪有没有缺憾的人生，问题只在于不同的人用不同的心态去面对，而结果也将完全不同。世上的事常常不止一种答案，对于很多事的判断都不能简单地归结为这个好、那个不好，在我们日常的生活和工作中，由于长期以来所受的教导和固有的观念，遇见各种情况总是以别人为参照物，首先检查我有什么地方没有做好，分析自己的缺点和瑕疵，然后信誓旦旦下定决心，下次我一定改正，做得和别人一样。但是，问题随之而来，当我们做得和别人一样时，是不是就代表是最好的呢？是不是就适合自己呢？

金无足赤，人无完人。既然每个人都有他的缺点、毛病、缺陷，那么我们何不忽略这一切，或是干脆将所有的欠缺化作特色，活出自己的棱角和个性，演绎出自己的那份精彩。当你拥有了这样的心态时，其实也就等于拥有了处事的精练豁达以及宠辱不惊。不要去抱怨上天没有把我们塑造得完美无缺、无懈可击，因为完美并不意味着"一切都会好"，相反，缺憾也不意味着不能获得成功、获得好人生，凡事没有绝对的。忽略缺陷而努力争取成绩，直到别人只看得见你的成就。

19世纪法国诗人穆塞特曾写下这段话："完美根本就不存在，了解这句话的人就等于了解人性智能的极致，期待拥有完美是人类最疯狂危险之举。"

挂在墙上的画可能会很漂亮，我们可以将其作为艺术品来欣赏，但不要以为我们的生活和人生会真的像画一样，甚至要求自己成为画中的人，那不现实，而且只是徒劳。

7. 克服弱点，升华你的整体素质

人们常说的一句话是：失败并不可怕，可怕的是自己不敢面对失败。而对于缺陷，我们要说的是：有缺陷并不可怕，可怕的是一个人总也忘不了自己的缺陷，总是斤斤计较，放在心上，而不懂得回避它、忽略它，乃至遗忘它。

我们所在的这个时代，常常是一个以结果论英雄的时代，这并不纯粹是一种功利的现象，而是因为在忙碌繁华、高速运转的城市中，每个人都希望并都努力创造着自己的那片天空，搭建着自己的那座舞台，每个人的时间都有限，并不会总是留心别人，更不会总是留意你的缺陷，人们只会对你在生活和工作中最终所展现的才华和能力赞叹或喝彩。

而俗话说的"台上一分钟，台下十年功"，换个角度理解也就是说，台下你所做的，别人是看不见的，人们所关注的只是你在台上所表现出的能力和成果。台下不为人知的一面，包括你的不足和缺陷、你克服它们的过程，只要你自己不总是提起，旁人也不会提起，你在台上的精彩才是最重要的。

美国前总统富兰克林·罗斯福在8岁时是一个非常脆弱胆小的男孩，他脸上的表情总是惶恐的，他的呼吸就像跑步后的喘气一样。一旦他被老师叫起来回答问题，立即就会双腿发抖，嘴唇不停颤动，回答得也含混不清，最后只能重新坐下来。此外，因为长有一口龅牙，他也不讨人喜欢。

换成其他的孩子，一定会对自身的缺陷十分敏感。但富兰克林·罗斯福却从不自我怜惜，他依然保持着积极乐观的心态和奋发进取的渴望。他的自信激发了自己无限的奋斗精神，他天生的缺陷促使他明白自己更应该努力奋斗。

他从不因为同伴的嘲笑而减少勇气，他喘气的习惯逐渐变成坚定的声音，他努力咬紧牙床不让嘴唇颤动，他用坚强的意志克服着自己的紧张。他不因自己的缺陷而气馁，甚至加以利用爬到成功的巅峰。就是凭着这种奋斗精神，凭着这种积极心态，他终于成了美国总统。

在他晚年的时候，已经没有人再关注他曾有过的严重缺陷了。他用自己的人格魅力赢得了美国民众的爱戴，成了美国第一位最得人心的总统，而这种情况在美国的历史上前所未有。

罗斯福用他的骄傲和成就，彻底战胜或者摆脱了自己的先天缺憾，就像经典电影《阿甘正传》的男主角一样，他的确有不如人的地方，但他因缺憾所产生的独特性却也是非常珍贵的，并且，抛去缺憾不提，在他所擅长的领域，他甚至做得比一般人更加出色。

在大体相同的情况下，两个美国男人都聪明地选择了不去刻意修补自己的缺陷，甚至把缺陷作为动力、优势，阿甘克服了智商上的缺陷，靠奔跑改变了命运，靠奔跑做出了许多不可思议的壮举；罗斯福则因为这份天生的缺憾，比别人付出更多的努力，赢得别人的尊重和赞赏。而当他们都做到了他们想做的，并取得了骄人的成就后，曾经的缺憾也从此变得不再重要了，人们看见的只是他们头顶笼罩的光环。

掌握局势，突破局限性，才能形成新的优势。在把劣势转化为优势的过程中，需要智慧，不能盲目地变，但同时非常重要的一点是，你要非常熟悉你所在的环境以及背景，甚至要做到眼观六路、耳听八方，综合各种因素条件。只有对全局有通透、全面的了解，你才能知道什么是目前社会所缺乏的稀有资源，也就是什么是优势，才能把握好时间和空间的各种客观要素，最大限度地把劣势变成优势。

当一个人面对困境、危难的时候，学会把劣势转化为优势就更为关键，往往能够令人绝处逢生、平稳地渡过难关。

当阿诺德·施瓦辛格成为一名职业演员的时候，他有一个弱点：浓重的奥地利口音。这本来是一个弱点，但是当奥地利口音和他扮演的动作英雄的魅力融合在一起出现在屏幕上的时候，他的弱点就变成了优点。口音成为他所塑造的人物的一个特征，人们也纷纷仿效。

美国电视台的一个节目中曾有一个杰出的踢踏舞舞者，他被称为"木腿贝茨"。贝茨在早年失去了一条腿，这样的弱点会令大部分人放弃成为职业舞者的梦想。但是对于贝茨来说，失去一条腿不是他的弱点，因为他把这种弱点变成了一种优势。他把一个踢踏板安装在木腿的底部发展出一种切分音式的踢踏舞风格，这使他在演出中脱颖而出。

基金募集大师迈克尔·巴斯奥福因为将不被看好的成员发展为最好的基金募集人而震惊西方世界。他知道弱点可以转化为优点。比如说，如果基金会有一个"害羞"的秘书和他一起工作，他就会让那位"害羞"的秘书成为"最佳的倾听者"。很快，捐赠的人都迫不及待地要同这位害羞的员工谈话，因为她是一个绝佳的倾听者，她让说话的人感到自己非常重要。

美国励志大师史蒂克·钱德勒早年的一个弱点是同别人谈话的障碍。他对自己同别人交谈的能力没有自信，因此养成了给别人写信和写便条的习惯。熟能生巧，过了一段时间，他成了写信和写便条的高手，他把弱点转化成了力量，他写的信和便条拓展了他的关系网。

我们的所有弱点都是可以转化的，只要用足够的时间来思考它。一旦我们真正认识到自己的弱点，弱点就很可能转变为长处，种种创新的可能性将不断地涌现出来。

任何人只要愿意控制自己的弱点，愿意接受积极思想，就能够使自己的弱点发生变化。

畅销书作家兼名嘴傅佩荣在上小学时，隔壁搬来的新邻居家中的小孩说话口吃，他觉得好玩就跟着说，没想到自己因此真的口吃了。

那时候，傅佩荣上课很害怕被老师叫起来回答问题，每回总是面红耳赤、支支吾吾地说不出半个字，因而惹得全班哄堂大笑。别的班的小朋友知道了，还捉弄他、邀他去他们班上演讲。

为了维持自尊，傅佩荣非常认真地念书，用功课来弥补口吃的缺憾。他说："人生不能没有考验，口吃的毛病曾让我非常自卑，却也同时启发了我，在其他地方证明自己的价值。"

从小学三年级到高中，傅佩荣就这样生活在口吃的阴影下，直到高二时才去参加口吃矫正班，慢慢地学习说话技巧，而一直到在耶鲁大学念完了博士，他才彻彻底底改掉了口吃的毛病。

傅佩荣在不断克服自己口吃的同时，努力提高自己的学识和修养，终于成了名嘴。

每一个人都有弱点。不同的是，一般人让弱点成为羁绊，一事无成；成功者却克服甚至开发了自己的弱点，把弱点转化为优点。世界是公平的，绝不会因为一个人身体有缺陷而剥夺他的成功与幸福，也不会因为一个人性格的腼腆而掩盖他的荣耀和风采。每个人都有着相同的机会，就要看我们是否有信心、有毅力去把握它了。

那么，要怎样来克服自己的弱点，使自己的整体素质得到升华呢？

（1）克服弱点要学会如何正确看待自己的弱点。我们不能将自己的弱点与自我想象的弱点混为一谈。大多数有自卑感的人总是把注意的焦点放在自己的弱点上，对不重要的事也把它夸大了来考虑，以为每个人都在注意这些事，而实际上并不是如此。

一些人强调自己性格上的弱点，然后又费尽心机证明，"因为这个弱点，所以不能成功"。要解决这个问题，就必须先认识到我们每个人都能成功、快乐和坚强。所以我们必须决定自己打算要突出哪一方面的优势，而这一决定权在于我们自己。一旦我们选择突出自己的长处和优点，自卑感便会消失，一种强有力的能力便会取代我们的缺陷和弱点。

（2）要有积极的心态，这往往能使一个人将自己的弱点积极地转为最强的部分。这种转化的过程有点类似焊接金属，如果有一片金属破裂，经过焊接后，它反而比原来的金属更坚固。这是因为，高度的热力使金属的分子结构更为严密了。

（3）克服弱点要防止气馁。我们性格中有一种普遍的弱点便是气馁。气馁必然导致失败，但如果我们能多坚持一下，多努力一下，结果可能完全不同。

8. 天下没有"怀才不遇"这回事

在我们的周围，似乎总有这么一种人，他们时常感觉自己空有一身抱负，无处施展；空有一身本事，无处发挥；空有无数奇思妙想，无人理解。而事实上，自认为怀才不遇者并不一定真的怀才。一个人只要有真才实学，并且有能力来展现他的真才实学，就不怕没有伯乐。

土总是埋不住金子的，我们不能只是一味地陶醉于自己曾经的"辉煌经历"，还要看自己掌握的知识是否是社会需要的"才能"。正确的做法是调整自己的心态，重新审视自己，采取行动弥补自己的不足，主动推销自己。

"怀才不遇"可能是自古以来读书人最常出现的一种心境。这可以从无数的寄情诗文中得到佐证。在封建专制时代，一个人需要遇上明君，才有可能出人头地。

但在机会平等的现代社会，"怀才"是否还会"不遇"呢？一个真正有才能的人，除非是他自己选择不遇，否则一定可以找到实现理想的空间。我们只要冷静地分析一下历史上诸多怀才不遇的"现象"，就会发现其前提大多是一个假设的而非真实的条件，即"如果让他……那么就会……"。

因此这些结论大多是不能或者是无法验证的。

历史发展到了现在，还是有许多人认为自己"怀才不遇"，是真的怀才之人没有得到社会的认可，还是那些自命"怀才"者在发牢骚呢？

我们不能一概否认这些人在某些方面所具有的某种才能，但是可以看出一个喜欢哀叹和抱怨的人缺乏雄才大略者应有的恢宏气度，也没有志士仁人所具有的道德修养。所以说，一个人如果一直慨叹怀才不遇，那一定是他的能力、性格或定位出了什么问题。

因此，他应该先在观念上调整，必须承认自己未必如此有才，并设法改善调整自己，才有可能让自己成为真正的有才之人。

当然，钟鼎山林，人各有志。的确有不少人很有才华和能力却没受到重视。这应该是他没有足够的企图心去寻求别人的重视。他可能不愿意委身一时，也可能是不愿意改变他的生活。但这是怀才不"欲"的选择，而不是怀才不"遇"的宿命。

而通常情况下，一般人出于虚荣心，均易自觉或不自觉地高估自己的才能，并非只有赵括与马谡才如此。如果达不到原定的目标，或者临时性地遭受挫折，便会产生牢骚与怨愤。在很不理智的心态下极易习惯性地将责任推向客观，认为别人不理解自己，社会不重视自己。实际上，诸多自以为"怀才不遇"的人的一个通病，恰恰是忽略了对于自己的解剖与批评。

如果能从主观入手，从自身找问题，认识自己的不足，充实并提高自己，调整原来的目标与心态，大多数的"不遇"问题均可解决。即使目前存在无法克服的困难，也应逐步创造条件，为自己的出路多做准备工作。只有这样，在条件成熟需要自己的时候方可厚积薄发，举重若轻而游刃有余。

客观地说，那种甘于在牢骚中消沉且自灭的愚蠢者实在不配归入"怀才者"之列。千里马是自己跑出来的，现在我们所处的时代不同以往。对某些人来说，这也许是一个怀才不遇的年代，同样对于另外一些人，却是一个良禽择木的年代，是一个通过自己的努力而证明自己的年代。

片山恭一是现代日本的当红作家，在讲述他从"冷"到"热"的艰难成名路程时，他这样说道："为了作品能在杂志上发表，我拼命地、不断地投稿，给《文学界》就至少投过10篇稿子，但没有一篇发表，甚至稿件如同石沉大海，没有一点回音，甚至连一句'来稿收到'这样的答复都没有……但我却从来没有发出过'这个世界多么冷酷无情啊'之类的感叹，而是为了能够发表去竭尽己能、拼命努力。"片山恭一不故作"千里马"等待"伯乐"的发现，而是靠自己的努力，终于从一匹"平凡的马"跑进了"千里马"的行列，从出版第一个单行本到获得"新人奖"中间整整相隔了9年的时间，这9年间，他一直在自我扬鞭，踊跃奋蹄。

时下有很多人抱怨找不到好工作，觉得是社会体制的问题，总抱怨没有遇到伯乐，但是他们从来没有想过，自己到底算不算千里马呢？你不是千里马，如果有伯乐在，也不会看上你啊。就算你真的是千里马，酒香还怕巷子深呢，你不自己出去溜几圈，施展自己的能力，就算有伯乐也不一定马上就能发现你。

无数事例证明，"人才"不能只依赖社会，坐等机会的到来，而是要在了解、适应社会的基础上主动寻找或搭建舞台来展示自身的存在，体现自身的价值。逐步由低到高、由小到大，分阶段地成就自己的事业。每一个"怀才"者都不能幻想一开始就可尽显风流、叱咤风云。

要知道圣哲贤明如文王、孔孟，才华横溢如屈原、贾谊，严谨博学如韩非、司马迁等均有自己的无奈而屡遭挫折与磨难。因此，今天的人们只有脚踏实地用自己的才能回报社会、造福社会，方不致令自己所怀之才沦入"不遇"之境。

第二章

相信自己，挡住你的只是一张纸

1. 看重自己，信任自己

拳王阿里曾说："我是最杰出的。我甚至在自己还没有成为最杰出的人之前，就经常对自己说这样的话。"自信是内心中灼热燃烧的火焰，它能照亮前程并释放出巨大的能量，温暖你的整个心房。想要获得成功的人时刻不要忘记：你认为你行，你就行。

一个人是什么，是因为他相信自己是什么。只要相信你自己能行，就一定行。"你认为你行，你就行"，还有另外一层意思，就是要一步进入角色。

从下决心做一个成功的人那一刻起，就要马上从状态（心理状态、生理状态、行为状态）上把自己当成已经成功的那个人。

比如说你想成为一名出色的管理者，那么从今天开始你就要以一个管理者的心态、思维模式和眼光来学习、观察、分析和处理身边的事情和关系，而不是等奋斗快要成功时才来这样做，要一步到位。这正是"要"当管理者和"想"当管理者的分水岭。

在这个到处充满机遇和挑战的时代，生命的蓝图已不是"我未来要如何如何"的将来进行时，而变成了"我未来如此，现在应该如何"的正在进行时。在这里未来不再是名词，而变成了动词。从现在起，你就是成功者，其中所有的过程都是正确执行成功的程序而已。要知道，刘邦并非是当了皇帝那天才成为汉高祖的，而是当年在乡下看到秦始皇出行队伍的浩荡威仪而发出"大丈夫当如此也"的慨叹时，就开始成为汉高祖了。

因此，一旦你的目标清晰了之后，就要认为你已经拥有了它，这样你就会进入最有效的帮助你实现愿望的状态。机会永远只青睐自信而有准备的人。

自信心是一个人生活并开创事业的支撑力量，没有了这种自信，就等于给自己判了死刑。自信是一切成功的基础，也是人们走向成功的第一步，如果你连第一步都无法迈出的话，又何来第二步、第三步及以后的成功。

实业家亨利在自传里曾讲过这样一个故事：那一年，正遇上美国经济大萧条，亨利的企业倒闭了，他负债累累，不得已离开了家人开始流浪。他来到了密歇根湖，想着自己的失败和今后的渺茫，有了轻生的念头。这时，他发现桥墩上散落着几本书，捡起来发现其中有一本书叫《自信心》。因为这本书的名字很诱人所以他读了下去。看完之后，他急切地想见一见这本书的作者——美国从事个性分析的专家罗伯特·菲利浦。

几经周折，亨利见到了罗伯特·菲利浦。亨利进门打招呼说："我来这儿，是想见见这本书的作者。"说着，他从口袋中拿出那本书，那是罗伯特许多年前写的。亨利继续说："一定是命运之神在昨天下午让我看到这本书的，如果没有它，也许我早已在密歇根湖了此残生了。我已经看破一切，认为一切已经绝望，所有的人（包括上帝在内）已经抛弃了我。不过幸好，我看到了这本书，它使我产生了新的看法，为我带来了勇气及希望，并支撑我度过昨天晚上。我已下定决心，只要我能见到这本书的作者，我相信他一定能协助我再度站起来。现在，我来了，我想知道您能替我这样的人做些什么。"

在亨利说话的时候，罗伯特从头到脚打量着他，发现了他茫然的眼神、深深的皱纹、几天未刮的胡须以及紧张的神态，这一切都在向罗伯特显示，他已经无可救药了。但罗伯特不忍心对他这样说。因此，请他坐下来，要他把自己的故事完完整整地说出来。

听完亨利的故事，罗伯特想了想，说："虽然我没有办法帮助你，但如果你愿意的话，我可以介绍你去见一个人，他就在这座大楼里，只有他可以帮助你东山再起。"罗伯特拉着亨利的手，穿过几个楼层引导他来到自己从事个性分析的心理试验室。亨利茫然地看着空无一人的试验室，有些疑惑。这时，罗伯特把他拉到一块看来像是挂在门口的窗帘布之前，然后把窗帘布慢慢拉开，里面露出一面高大的镜子。亨利从镜子里看到了自己。罗伯特指着镜子说："就是这个人。在这世界上，只有他能够使你东山再起。除非你坐下来，彻底认识这个人，就当作你从前并未认识他一样。否则，你只能回头选择跳进密歇根湖。因为在你对这个人做充分的认识之前，对于你自己或这个世界来说，你都将是一个没有任何价值的废物。"

亨利朝着镜子走了几步，用手摸摸自己长满胡须的脸孔，对着镜子里的人从头到脚打量了几分钟，然后后退几步，低下头，开始哭泣起来。过了一会儿，罗伯特送他离去。

几天后，罗伯特在街上碰到了亨利，他已经不再是一个流浪汉，他西装革履，步伐轻快有力，头抬得高高的，几天前那种衰老、不安、紧张的神态已经消失不见。亨利非常感谢罗伯特，他说，是罗伯特让他找回了自己，找回了工作。

后来，亨利真的东山再起，成了芝加哥著名的事业家。

看重自己并信任自己，是成功的制胜法宝。

米歇尔·雷诺茨曾这样说，"依靠自己，相信自己，这是独立个性的一种重要成分。是它帮助那些参加奥林匹克运动会的勇士夺得了桂冠。所有的伟大人物，所有那些在世界历史上留下名声的伟人，都因为这个共同的特征而属于同一个家庭"。

一位著名的作家也曾说过这样的话："自己把自己说服了，是一种理智的胜利；自己被自己感动了，是一种心灵的升华；自己把自己征服了，是一种人生的成熟。"但凡说服了、感动了、征服了自己的人，就有力量征服一切，取得人生的成功。

2. 你缺少的只是一个机会

在通往成功的道路上，有些人总觉得自己太差劲，能成就一番事业的机会和概率微乎其微。其实，问题的关键并不在于他现在的地位是多么的卑微或者从事的工作是多么的微不足道，而在于他没有必胜的信心，没有认识到自己存在的价值。相反，只要拥有强烈的进取心，认清自己存在的价值，就不会再局限于狭小的圈子里，就会为了登上成功的巅峰而付出切实有效的努力，这时任何障碍都将阻挡不了他成功的步伐。

斯蒂芬·阿尔法经营的是一家小农具商店。他过着平凡还算得上体面的生活，但并不理想。他的房子太小，也没有钱买他想要的东西。虽然阿尔法的妻子并没有抱怨，但阿尔法的内心深处却变得越来越不满。当他意识到家人并没有过上好日子的时候，心里就感到深深地刺痛。

后来，阿尔法听说在底特律有一个经营农具的工作，可以多赚一点钱。当时，他还住在克利夫兰，但为了赚钱他决定去试一试。他到达底特律的时间是星期天的早晨，但与公司的面谈要等到星期一。晚饭后，他一个人坐在旅馆里静思默想，突然觉得自己是多么的可憎。"这到底是为什么！为什么失败总属于我呢？"他扪心自问着。

阿尔法不知道那天是什么促使他做了这样一件事：他取了一张旅馆的信笺，写下几个他非常熟悉的人的名字，他们在近几年内的成就都远远超过了阿尔法。其中两个原是邻近的农场主，现已搬到更好的边远地区去了；其他两位阿尔法曾经为他们工作过；最后一位则是他的妹夫。

阿尔法问自己：是什么使这5位朋友拥有如此优势呢？他把自己的智力与他们做了一个比较，阿尔法觉得他们并不比自己更聪明；他们的为人、性格并没有什么优势。那这到底是为什么呢？终于，阿尔法想到了另一个原因，那就是自我肯定的态度。阿尔法不得不承认，他的朋友们在这点上胜他一筹。

阿尔法第一次发现了自己的弱点。他深深地挖掘自己，发现缺少自我肯定的原因是在他的内心深处并不看重自己。他回忆着过去的一切。从记事起，他便缺乏自信心。他发现过去的自己总是在自寻烦恼，总对自己说不行，不行，不行！他总在表现自己的短处，几乎所做的一切都表现出了这种自我贬值。现在他终于明白了：如果自己都不信任自己的话，那么将没有人信任你！

于是，阿尔法做出了决定："我一直都是把自己当成一个二等公民，从今以后，我再也不这样想了。"

第二天上午，阿尔法仍保持着那种自信心。他暗暗以这次与公司的面谈作为对自己自信心的第一次考验。在这次面谈以前，阿尔法希望自己有勇气提出工资提高1000美元的要求。但经过这次自我反省后，阿尔法认识到了他的自我价值，因而把这个目标提到了3500美元。

结果，阿尔法达到了目的。他获得了成功。

现在，阿尔法有了一所占地两英亩的漂亮新家。他和妻子再也不用为能否送孩子上一所好大学而担心了，他的妻子在花钱买衣服的时候也不再有那种犯罪的感觉了。过段日子，他们全家都将去欧洲度假。

阿尔法说："这一切的发生，是因为我重新认识了自己的价值，并且树立了必胜的信心。"

对于一个渴望在这个世界上立身扬名、成就一番事业的人来说，不管现在你多么贫穷，也不管你所处的环境多么恶劣，更不管你面临多少艰难险阻，只要你能够真切地认识自己的价值，有着积极进取的心态和更上一层楼的决心，那么这个世界也不会对你失去信心。你一定能够通过内心的力量驱动自己，脱颖而出，勇往直前。

要学会在前进的途中主动出击。林肯说过："有些事人们之所以不去做，只是他们认为不可能。"

古希腊的大哲学家苏格拉底在风烛残年之际，知道自己时日不多了，就想考验和点化一下他的那位资质不错的助手。他把助手叫到床前说："我的蜡烛所剩不多了，得找另一根蜡烛接着点下去，你明白我的意思吗？"

"明白"，那位助手赶紧说，"您的思想光辉是得很好地传承下去……"

"可是"，苏格拉底慢悠悠地说，"我需要一位最优秀的传承者，他不但要具有相当的智慧，还必须有充分的信心和非凡的勇气……直到现在，这样的人选我还未见到，你帮我寻找和发掘一位好吗？"

"好的，好的。"助手很温顺、很尊重地说，"我一定竭尽全力地去寻找，一定不辜负您的栽培和信任。"

苏格拉底笑了笑，没再说什么。

那位忠诚而勤奋的助手，不辞辛劳地通过各种渠道开始了四处寻找。可他领来的一位又一位人才，总被苏格拉底用各种原因婉言谢绝了。有一次，助手再次无功而返地回到苏格拉底病床前时，病入膏肓的苏格拉底硬撑着坐起来，抚着那位助手的肩膀说："真是辛苦你了，不过，你找来的那些人，其实还不如你……"

"我一定加倍努力"，助手未等苏格拉底把话说完就赶紧言辞恳切地说，"就算找遍城乡各地、找遍五湖四海，我也要把最优秀的人选挖掘出来举荐给您。"

苏格拉底笑了笑，不再说话。

半年之后，苏格拉底眼看就要告别人世，最优秀的人选还是没有眉目。助手非常惭愧，泪流满面地坐在病床边，语气沉重地说："我真对不起您，令您失望了！"

"失望的是我，但你对不起的却是你自己。"苏格拉底说到这里，很失望地闭上眼睛，停顿了许久，才又不无哀怨地说，"本来，最优秀的就是你自己，我想要的人也正是你。只是你不敢相信自己，才把自己给忽略、给耽误了……其实，每个人都是最优秀的，差别就在于如何认识自己、如何发掘和重用自己……"话没说完，伟大的哲人就永远离开了这个世界。

那位助手后悔莫及，在叹息中度过了整个后半生。

缺乏自信的人，往往给人以谦逊大度的印象。其实，这种对自己的否定，与谦逊的美德无关。一项事业的成功固然需要各方面的才能，但千万不要忘记，拥有超凡的自信心才是打开这些才能宝库的金钥匙。如果去分析一下那些"自造机会"的人的伟大成就，就不难看出，在他们出发奋斗时，一定先有一个充分信任自己能力的自信心理。他们的心情和志趣坚定到可以踢开一切阻挠自己的怀疑和恐惧的念头，从而使他们在成功的道路上所向无阻。

相信自己吧，相信自己就是那块闪闪发光的金子，如果你的光芒还没有让人看到，也要坚信，你缺少的只是一个机会而已。

3. 拥有自信者的独特姿态

古今中外，凡是智能上有所发展、事业上有所成就的人，都有一条成功的秘诀：自信。这些人尽管各自的出身、经历、思想、性格、兴趣、处境等有所不同，但他们都有一个共同点就是对自己的才智、事业和追求充满必胜的信心。自信的意识、自信的力量，足以使一个人潇洒自如地直面人生，以艰苦卓绝的奋斗改变自己的命运或是实现自己的人生价值。

居里夫人、伽利略、钱学森这些历史上广为人知的科学家，他们之所以能取得成功，最重要的一点是因为拥有远大的志向和非凡的自信心。一个人要想事业有成、做生活的强者，首先要敢想。不自信决不敢想，连想都不敢想，当然谈不上什么成功了。树上掉下来两个苹果，一个砸到了牛顿头上，一个砸到了别人的头上。那个人把苹果捡起来吃掉了，而牛顿却由此受到了某种启发，从而发现了万有引力定律。

每一个充满自信的人，都应该具有一种"我很独特"的姿态，就像牛顿对待砸在头上的苹果的态度一样，从事物的表象发现其内在的价值。

一位成功的演说家正在举行一场演说，台下座无虚席。演说家走上台来，并没有马上开始他的演讲，甚至没有说一句开场白。他只是从兜里拿出一张20美元的钞票面对台下的听众问道："谁想要这20美元？"一只只手举起来。演说家又说："我打算把这20美元送给你们中的一位，但在这之前，请准许我做一件事。"说着他将钞票揉成一团，然后接着问道："谁还想要？"仍有人举起手来。他接着说道："那么，假如我这样做又会怎么样呢?"说着他把钞票扔到地上,又踏上一只脚,并且使劲地踩着。而后,他捡起又脏又皱的钞票继续问道:"现在还有谁还想要?"还是有人举起手来。

"朋友们,今天的讲演已经结束了。"演说家说。台下的观众面面相觑,没明白他的意思。演说家接着说道:"其实,我刚才已经给你们上了一堂很有意义的课。无论我怎样对待那张钞票,你们还是想要它,因为什么呢?那是因为即使它皱了脏了,可它并没有贬值,它依旧价值20美元。这就如同我们的人生一样,在人生路上,我们会无数次被自己的决定或所碰到的逆境所击倒,甚至被碾得粉身碎骨,那时你会怎么想呢?你一定在想,完了,这下我真的完了,一切成功都将与我无缘了!其实你想错了,无论发生什么,或者将要发生什么,你还是你,就像这20美元一样,你的价值永远不会丧失。"

生命的价值不依赖我们的所作所为,也不倚仗我们结交的人物,而是取决于我们本身的态度!我们是独特的,永远不要忘记这一点!不要让昨日的沮丧令明天的梦想黯然失色。

有人对成就伟大事业的卓越人物的人格特质进行过专项的分析和研究,发现了其中的共同之处:这些卓越人物在开始做事之前,总是具有充分信任自己能力的坚强的自信心,深信所从事之事业必能成功。这样,在做事时他们就能付出全部的精力,破除一切艰难险阻,直到胜利。

玛丽·科莱利曾说:"如果我是块泥土,那么我这块泥土,也要预备给勇敢的人来践踏。"这就是自信者的姿态。如果一个人在表情和言行上时时显露着卑微,在每件事情上都不信任自己、不尊重自己,那么这种人自然得不到别人的尊重。

在一次法庭辩论上,作为辩护律师的库兰说:"我研究过我收藏的所有法学著作,都找不到一个相同的案例——在对方律师反对的情况下,还可以预先确定某项条件,这样的事情从来没有发生过。"

"先生——我怀疑你的图书馆藏书量是不是不够啊。"主审的罗宾逊法官傲慢地打断了库兰的话。罗宾逊法官曾经写过几本法律方面的专著,受到过一些所谓的"褒奖",他现在的职位也正是因为那几本书而得来的。其实他写的那些书都非常糟糕,甚至有些粗俗不堪。

"确实,先生,我并不富裕",库兰律师表现得十分镇定,他直视着罗宾逊法官的眼睛,"这限制了我购书的数量。虽然我的书不多,但都是我精心挑选,而且是仔细阅读过的。虽然我阅读的精品著作非常少,但并不代表我对这个职业了解得不够深。相对于那些虽然读了大量的著作,却写出一大堆毫无价值的作品的人来说,我觉得自己更有资格进入这个崇高的职业领域。我并不以我的贫穷为耻,相反,如果我的财富是因为我卑躬屈膝,或是用不正当手段获得的,那我才会真正感到羞愧。我或许不能拥有显赫的地位,但我至少保持了人格上的正直诚实。倘若我放弃正直诚实去追求地位,眼前就有很多的例子告诉我,这么做或许会让我得到所需要的东西,但在世人的眼里,我却只会显得更加渺小。"

这一番话让罗宾逊法官哑口无言,从此他再不敢嘲笑这位年轻的律师了。

只有自信与自尊,才能够让我们感觉到自己的能力,其作用是其他任何东西都无法替代的。而那些有了点成绩就咄咄逼人的人,他们表现出来的并不是真正的"自信",而是内心深处另外的一种不自信,正如莎士比亚所说,他们体会不到也永远不能体会到自信者身上焕发出的那种荣光。

4. 不是没有跳高的能力，而是没有跳高的勇气

挫折作为一种情绪状态和一种个人体验，每一个人的耐受性是大不相同的。有的人经历了一次次挫折，能够坚忍不拔，百折不挠；有的人稍遇挫折便意志消沉、一蹶不振，甚至痛不欲生。有的人在生活中受多大的挫折都能忍耐，但不能忍受事业上的失败；有的人可以忍受工作上的挫折，却不能经受生活中的不幸。

把一只跳蚤放在一个玻璃罩里，然后让跳蚤自由跳动，你会发现跳蚤第一次起跳就碰到了玻璃罩。连续几次之后，跳蚤调整了自己能够跳起的高度来适应新的环境，此后每次跳起的高度总保持在罩顶以下。当你逐渐降低玻璃罩的高度，跳蚤在经过数次碰壁之后主动调整了高度。最后，玻璃罩接近桌面，跳蚤无法再跳了，只好在桌子上爬行。这时候，如果你把玻璃罩拿走，再拍桌子，跳蚤仍然不会跳跃，"跳蚤"变成"爬虫"了。为什么呢？不是因为丧失了跳跃能力，而是遭受挫折以后，跳蚤变得心灰意冷。最为可悲的是：虽然玻璃罩已经不存在了，跳蚤却连"再试一次"的勇气也没有了。玻璃罩的限制已经深深地刻在它那有限的潜意识里，反映在它的心灵上……不是没有跳高的能力，而是没有跳高的勇气！

其实，当一个人身处顺境时，尤其是在春风得意时，一般很难看到自身的不足和弱点。唯有当他遇到挫折后，才会反省自身，弄清自己的弱点和不足，以及自己的理想、需要同现实的距离，这就为其克服自身的弱点和不足、调整自己的理想和需要提供了最基本的条件。

因此，挫折是人生的催熟剂，经历挫折、忍受挫折是人生修养的一门必修课程。虽说一个人经受一些挫折有一定的好处，可以锻炼人的意志，培养在逆境中经受挫折失败后再接再厉的精神，但不断地经受挫折则可能会使人格发生根本变化，从而变得冷漠、孤独、自卑，甚至执拗。

　　曾有人做过实验，将一只最凶猛的鲨鱼和一群热带鱼放在同一个池子，然后用强化玻璃隔开。开始的时候，鲨鱼每天不断冲撞那块看不到的玻璃，只是徒劳，它始终不能游到对面去，而实验人员每天都放一些鲫鱼在池子里，所以鲨鱼也没缺少猎物，只是它仍想到对面去，想尝试那些美味，每天仍是不断地冲撞那块玻璃，它试了每个角落，每次都是用尽全力，但每次也总是弄得伤痕累累，有好几次都浑身破裂出血。

　　持续了一些日子，每当玻璃一出现裂痕，实验人员马上加上一块更厚的玻璃。后来，鲨鱼不再冲撞那块玻璃了，对那些斑斓的热带鱼也不再好奇，好像它们只是墙上会动的壁画，它开始等着每天固定会出现的鲫鱼，然后用它敏捷的本能进行狩猎，好像又拥有了在海中不可一世的凶狠霸气，但这一切只不过是假象罢了，实验到了最后的阶段，实验人员将玻璃取走，但鲨鱼却没有反应，每天仍是在固定的区域游着，它不但对那些热带鱼视若无睹，甚至于当那些鲫鱼逃到那边去，它就立刻放弃追逐，不再过去。实验结束了，实验人员讥笑它是海里最懦弱的鱼。可是曾经失败过的人都知道为什么——它怕痛。

　　对于年轻人来说，不管现在他多么贫穷或者多么笨拙，只要他有着积极进取的心态和更上一层楼的决心，我们就不应该对他失去信心。对于一个渴望着在这个世界上立身扬名、成就一番事业的人来说，任何东西都不是他前进的障碍；不管他所处的环境是多么恶劣，也不管他面临多少艰难险阻，他总是能通过内心的力量驱动自己，脱颖而出，勇往直前。

在成功者的眼里，失败不只是暂时的挫折，失败更是一次次丰富阅历、总结经验的机会。

一件事情能不能做好，并不取决于你的能力，而取决于你的态度。

5. 以积极的信念支配人生

或许你出身贫寒，身份低微，但是很多的伟人都是从一个卑微的身份和贫寒的家境起步，最后一步一步努力攀上了人生的高峰；或许你天生残疾，身患缺陷，然而张海迪、桑兰等人的事迹无不向我们展示着身残志坚的力量和奇迹；又或许你天生鲁莽，性格暴虐，然而林则徐、华盛顿等人成功地克服自己性格缺陷的例子又告诉我们即使是难移的秉性也能改变……

人生正如某个著名的运动服装品牌的广告语所说的那样，"一切皆有可能"。而信念则是创造出这无限可能的源泉！

曾经有人打过这样的比喻，人生就像是打一副牌，发给你什么样的牌是上帝决定，而怎么打手里的牌则是由你自己决定的。

那么，要打好人生这副牌，我们就必须有坚定的信念。相信生命的奇迹，相信自己的能力，脚踏实地，沉着冷静，不管自己的人生遇到对方怎样的阻击，始终不怨天尤人，也不轻言放弃！

有一个美国女孩，在她小时候因一次意外，眼睛受了重伤，最终导致双目失明，但庆幸的是通过手术，她还能通过左眼角的小缝隙来看这个世界。面对生活给予的"礼物"，上帝赋予自己的残缺的身体，她没有因此而悲观，不仅接受了现在的自己，而且更加坚定了"活下去、要活得更好"的信念。

她很喜欢和小朋友们一起玩跳房子的游戏，为解决眼睛看不到记号的问题，她努力把每个角落都记在脑子里，然后快乐得像个正常人一样。凭借着一股韧劲儿，她曾到一个乡村里教过书，在教书之余，她还在妇女俱乐部做演讲，到电视台里做谈话节目。双目的缺陷并没有影响她的人生，相反，她以积极乐观的态度、努力奋斗的毅力获得了明尼苏达大学的文学学士及哥伦比亚大学的文学硕士。

她所著的自传体小说《我想看》在美国轰动一时，成为畅销名著，激励了无数人的斗志。她就是波基尔多·连尔教授，她曾这样说："其实在内心深处，我对变成全盲始终有着一种不能言语的恐惧感，但我也深知，这种恐惧不会给我带来一点益处，我只有以一种乐观的心态去面对这一切，激励自己，才能最有力地改变现状。"

也正是这种乐观的心态，不仅成就了她辉煌的人生，也使她在52岁时，经过两次手术，获得了高于以前40倍的视力，又一次看到了美丽绚烂的世界。

同样的困境，同样的际遇与磨难，有些人可能会很快垮掉，有些人却能站起来。其实，当你处于一种艰难的处境时，有很多人都面临着同样的境遇。不同的是，有的人早早就屈服于困难和苦痛，而有的人则奋起抗争，展开了与困难的搏斗与斗争。这时，信念的高度便改变了人生的轨迹。

成功者之所以成功，是因为他们总是以积极的信念支配和控制自己的人生，战胜自己的缺陷，而失败者却恰恰相反。我们再来看一个小故事。

　　5名矿工在矿井下采煤时，矿井突然倒塌，幸好矿井没有完全压住他们，只是出口被堵住了。现在他们面临的最大难题就是，如果不能及时得到救援，他们将由于呼吸不到氧气窒息而死。由于缺乏氧气，他们在井下最多还能生存两个半小时。

　　5名矿工商定，为了尽可能地节省氧气，5人都平躺在地上，以尽量减少体力消耗。在一片沉寂中，每个人的心里都默默计算着时间，感觉死亡正一步步向他们逼近。

　　这5名矿工当中只有一个人戴着表，于是另外4个矿工都向这个人询问：过了多长时间了？现在几点了？还有多长时间？

　　矿工队长发现，如果大家再这样焦虑下去的话，他们将消耗更多的氧气，这样就连两个半小时都不可能坚持到了，于是决定让戴表的矿工每隔半个小时报一次时间，其他人一律不许提问。

　　第一个半小时很快就过去了，戴表的矿工轻轻地说："过去半小时了。"他这么一说，气氛一下子冷清起来，他看到大家都皱紧了眉头，不吭一声。于是，在第二个半小时过去时，他没有出声，他希望大家可以忘掉死亡。当一个半小时过去时，他才慢慢地说："一个小时过去了。"此时大家都感到这一个半小时犹如一天那么长，在剩下的那一个小时里，这个通报时间的矿工依旧用这种方式来欺骗大家。就这样，时间一点点过去，营救的人还是没有赶来。

　　当时间过去三个半小时后，救援人员终于找到了他们。令救援队员惊奇的是，里面几乎已经无法呼吸了，但是他们还都安然无恙。然而救援人员把这5名矿工抬到地面上时，却发现有一个人因窒息而死了——这个人就是那个戴表的矿工。

这就是信念的力量——那4名矿工之所以会坚持那么长的时间,就是因为他们心里有一个信念,就是氧气足够他们存活两个半小时,而现在时间还未到;那名戴表的矿工之所以会窒息而死,也是因为他知道矿井里的氧气只够他们生存两个半小时,而时间早过了!

可以说,只要有信念的支撑,我们就会无往不胜,一旦丧失了信念,也就等于丧失了生存的希望。

6. 上场前先做个"V"字手势

似乎每一个成功者在被问及最初的心态时都会说自己有着必胜的信念。其实必胜的信念并不完全代表最终的结果,很多抱着必胜信念的人最终也会遭遇失败。但是,必胜的信念是一种人生的态度和心态,只有抱着必胜的信念,你才会在整个奋斗的过程中时刻保持努力,即使到了最后一刻也不会放弃,如果你没有那种必胜的信念,或许在结果还没有出来之前你便已经早早地认输投降,丧失了斗志。

在竞技场上,必胜的信念显得尤其重要,因此每个运动员都会在上场之前摆出拳头、"V"("V"代表胜利)字等各种表明自己必胜决心的动作来给自己加油鼓劲。

其实人生又何尝不是一个竞技场呢?更应该保持必胜的信念,上场之前,请给自己做一个"V"字手势,表明"我必胜"吧!

在2008年的北京奥运会女子78公斤级以上柔道的决赛上,对阵双方是中国的佟文和一名日本选手。比赛进行到最后15秒时,佟文还依然落后,所有的人都认为她要输了,佟文不断地系腰带,看起来进攻无术了。可就在大家都感到绝望的时候,最后12秒佟文竟然来了一个逆转,战胜了对手,获得了冠军。

记者采访佟文时问她为何能在最后几秒反败为胜。佟文说:"我一直相信我一定会成功,从没丝毫怀疑过。"记者继续问:"最后15秒你都没有怀疑过吗?"佟文坚定地说:"没有,我认为我一定会胜利。"正因为她从来没有怀疑过,所以她一直在坚持,只要比赛没有结束就不会放弃任何的努力,因而最终她能够反败为胜。

这就是信念的力量,怀着必胜的信念,即使出现逆境也不会有丝毫的气馁和放松,即使面临最后的绝境也能冲破难关,创造奇迹。

美国著名的游泳运动员赛特鲁德·埃德尔的故事向我们展示了危难时刻信念的力量。1926年8月6日,年仅20岁的美国运动员赛特鲁德·埃德尔成功地横渡了英吉利海峡。历史上只有5位男士成功地横渡英吉利海峡,而她是第一个成功横渡的女性。这天的天气十分恶劣,早上7点05分,埃德尔从法国内兹海角出发,她的后面跟着两艘轮船,一艘载着她的亲友,另一艘载满了新闻记者和摄影师。

英吉利海峡是大西洋的一部分,西南最宽达240千米;东北最窄处直线距离33.8千米,即从英国的多佛尔到达法国的加莱。它的距离很长,并且平均水温只有13.6摄氏度,之前挑战失败者中有80%都是由于不能忍受刺骨的水温而放弃的。

一开始,她比较顺利,亲友们不住地为她呐喊助威,过了一段时间,狂风暴雨就开始袭击海峡。她的身体已经发麻,雾很大,连护送的船只都看不到。鲨鱼在她的身旁游弋,狂风掀起的波涛不时地打击她,为了躲避鲨鱼和海浪,她在水里挣扎了好几个钟头。由于情况十分险恶，她的亲友几次劝她放弃，但每次她都要反问道："为什么要放弃？我相信自己能行的。"正是在这种必胜信念的支撑下，虽然遇到了很多次致命的危险，她都坚强地挺了过来，在她坚持不懈地努力下，终于成功横渡了英吉利海峡。

埃德尔的成功和她坚定的信念是密切相关的。如果她的心里存有丝毫地对自己的怀疑，那么在横渡过程中遇到的各种危险都会严重削弱她的信心和意志，最终她也就难以成功横渡海峡，创造这一历史壮举。

在赖斯小的时候，美国的种族歧视还很严重，特别是在她生活的城市伯明翰，黑人的地位非常低下，处处受到白人的歧视和欺压。赖斯10岁那年，全家人来到华盛顿观光旅游，因为是黑人，他们全家被挡在了白宫门外，不能像其他人那样可以走进去参观！小赖斯备感羞辱，咬紧牙关注视着白宫，然后转身一字一顿地告诉爸爸："总有一天，我会成为那房子的主人！"

赖斯的父母十分赞赏女儿的志向，经常告诫她："要想改变咱们黑人的状况，最好的办法就是取得非凡的成就。如果你拿出双倍的劲头往前冲，或许能获得白人的一半地位，如果你愿意付出四倍的辛劳，就可以跟白人并驾齐驱；如果你能够付出八倍的辛劳，就一定能赶在白人的前头。"

从此，为了实现"赶在白人的前头"这一目标，赖斯数十年如一日，付出了超过他人"八倍的辛劳"，发奋学习，积累知识，培养能力。她不仅熟练地掌握了英语，还精通俄语、法语和西班牙语；考进了美国名校丹佛大学并获得博士学位；26岁时就已经成为斯坦福大学最年轻的女教授，随后还出任了这所大学的教务长。

另外，赖斯还用心学了网球、花样滑冰、芭蕾舞、社交礼仪等，并获得过美国青少年钢琴大赛第一名。凡是白人能做的，她都要尽力去做好；白人做不到的，她也要努力做到。她终于成功了，昂首挺胸，堂堂正正地走进白宫，成为美国历史上第一位黑人女国务卿。

赖斯的故事告诉我们：能否成功，关键在于你是否抱着一个成功的态度去做事。你的内心决定了你的生活、境遇、财富与地位。一个悲观失望、犹豫不决、畏缩不前的人永远不会成功。只有对自己所做的事抱着必胜的信念的人才能到达成功的彼岸。

芝加哥大学的布鲁姆博士曾研究过100位杰出且年轻的运动员、音乐家和学生。他十分惊讶地发现，他们大部分都不是自幼即表现头角峥嵘，而是在细心的照顾、指导和帮助下，才得以施展才华的。他们之所以成功，都得归功于他们成名前，就已拥有"我必出人头地"的信念。

一个人要想做成大事，必须有一种强大的力量作为精神上的支撑，这种力量来源于个人强大的信念。爱默生说："自信是英雄主义的本质。"只有相信自己能成功的人才能成功，只有相信自己能大成的人才能大成。

因此，不要在意其他人如何看你，不用在意他们对你计划和目标的怀疑与否定。他们视你为空想家也好，认定你是怪人也罢，你都不必在意，你必须相信自己。所有问题终会因为你的坚定信念而得到圆满解决。

7. 去做事吧，你将会拥有一股神奇的力量

其实奇迹无处不在，缺少的只是能发现和创造奇迹的信念。

有一对祖孙，爷爷每次去看望孙子时都会带来一些与众不同的礼物。有一次爷爷给孙子带来一个小小的纸杯，但是里面除了泥土以外什么都没有。孙子很失望地告诉爷爷："妈妈不准我玩土。"爷爷慈祥地笑着，从孙子的玩具茶具中拿出一个小茶壶，牵着孙子的小手走进厨房，盛了满满一壶水。然后他把纸杯放在窗台上，又把茶壶递给孙子，"如果你保证每天往杯里浇一点水，就会有特别的事情发生。"他这样告诉孙子。

爷爷的举动在4岁的小孩看来似乎毫无意义。他怀疑地看着爷爷，可是爷爷却鼓励地点点头说："记住每天浇水，孩子。"于是他答应了。

起初小孩充满好奇，急于知道到底会发生什么，所以浇水并不算什么负担。但是时间一天天过去，什么都没有改变，他慢慢懈怠起来，越来越难以记起浇水这回事。一星期后，他问爷爷是不是可以停止了，爷爷摇摇头说："一天都不能停，孩子。"第二个星期变得更困难了，他开始后悔答应爷爷往杯子里浇水了。等到爷爷下次来的时候，他把杯子还给爷爷，但爷爷不肯拿，只是重复道："一天都不能停，孩子。"第三个星期，小孩开始忘记浇水，经常是上床后才记起来，只得爬下床在黑暗中浇水。但是他还是信守了诺言，一天都没有落下。最后，在一个早晨，原本只有泥土的杯子里终于出现了两片小小的绿叶。

小孩吃惊极了。叶子一天天变大,他迫不及待地告诉爷爷,他相信爷爷会和他一样惊奇。当然爷爷一点儿也不吃惊。他仔细地向孙子解释生命无所不在,甚至藏身于最平凡、最不可能的角落。

小孩非常高兴:"爷爷,它需要的只是水,对吗?"爷爷轻轻拍着孙子的头顶,"不,孩子",他说,"它需要的只是你的信念。"

这是小孩第一次懂得信念的力量。爷爷告诉孙子:"我们的人生充满了奇迹,只要你有坚定的信念和坚持不懈的努力,奇迹就会发生在你的身上。"

确实,信念有时候就是有这样一种魔力。只要你相信奇迹,坚持信念,信念就会在你的努力和汗水的浇灌下慢慢发芽,最终长成参天大树。而如果你中途放弃,那么前面的一切努力都只能是白费,信念的种子也就只能在泥土中慢慢腐化,不能开花结果。

派蒂·威尔森是一个患有癫痫的少女,但她却树立了不倒的信念,创造了不倒的奇迹。她的父亲吉姆·威尔森习惯每天晨跑。有一天戴着牙套的派蒂兴致勃勃地对父亲说:"爸,我想每天跟你一起晨跑。"

父亲回答说:"也好,万一你病情发作,我也知道如何处理。我们明天就开始跑吧。"

于是,十几岁的派蒂就这样与跑步结下了不解之缘。和父亲一起晨跑是她一天之中最快乐的时光。但跑步期间,派蒂的病一次也没发作过。

几个礼拜之后,她向父亲表示了自己的心愿:"爸,我想打破女子长跑的世界纪录。"她父亲替她查吉尼斯世界纪录,发现女子长跑的最高纪录是128.7千米(80英里)。

当时,读高一的派蒂为自己制定了一个长远的目标:"今年我要从橘郡跑到旧金山——643.6千米（400英里）；高二时，要到达俄勒冈州的波特兰——2413.5千米（1500英里）；高三时的目标为圣路易市——3218千米（约2000英里）；高四则要向白宫前进——4827千米（约3000英里）。"

虽然派蒂的身体状况与他人不同，但她仍然满怀热情与理想。对她而言，癫痫只是偶尔给她带来不便的小毛病。她不因此消极畏缩，相反，她更珍惜自己已经拥有的。

高一时，派蒂一路跑到了旧金山。她父亲陪她跑完了全程，做护士的母亲则开着旅行拖车尾随其后，照料父女两人。

高二时，她在前往波特兰的路上扭伤了脚踝。医生劝告她立刻中止跑步："你的脚踝必须打石膏，否则会造成永久的伤害。"

她回答道："医生，你不了解，跑步不是我一时的兴趣，而是我一辈子的至爱。我跑步不单是为了自己，同时也是要向所有人证明，身有残缺的人照样能跑马拉松。有什么方法能让我跑完这段路？"

医生表示可用黏合剂先将受损处接合，而不用打石膏；但他警告说，这样会起水疱，到时会疼痛难耐。派蒂二话没说便点头答应。

派蒂终于来到了波特兰，俄勒冈州州长还陪她跑完了最后一程。一面写着红字的横幅早在终点等着她："超级长跑女将，派蒂·威尔森在17岁生日这天创造了辉煌的纪录。"

高中的最后一年，派蒂花了四个月的时间，由西岸跑到东岸，最后抵达华盛顿，并接受总统召见。她告诉总统："我想让其他人知道，癫痫患者与一般人无异，也能过正常的生活。"

生命真是一个奇迹，我们根本不知道下一秒会发生什么，只有坚定信念勇往直前，我们才会看到别有洞天的美景。正如爱默生所说："去做事吧，你将会拥有一股神奇的力量。"是的，不管是谁只要下定决心去做，且成功的信念胜于一切的话，那么他不成功上帝都会觉得有愧。

8. 你的信念有多充实

信念是成功的内在原动力，决定了信心和自信的努力方向和倾向，信心和自信分别在心理状态和行为能力方面演绎和补充了信念。所以，对于既定的目标，我们要有坚定的信念，拥有自己的信心。找到自信，从而使自己的信心更有力量，自己的信念更充实，成功更有把握。

他是杂技团的台柱子，凭借一出惊险的高空走钢丝而声名远扬。在离地五六米的钢丝上，他手持一根中间黑色、两端蓝白相间的长木杆做平衡，赤脚稳稳当当地走过10米长的钢丝，从未有过丝毫闪失。

一次，长木杆不小心折断了。团里非常重视，不惜高价找来了粗细相同、长短一致、重量也一样的木杆。直到他觉得得心应手时，团长才请油漆匠给木杆刷上与以前那根木杆相同的蓝白相间的颜色。

又是一次新的演出。在观众的阵阵掌声中，他微笑着赤脚踏上钢丝。助手递给他那根蓝白相间的长木杆。他从左端开始默数，数到第10个色块，左手握住，又从右端默数第10个色块，右手握紧，这是他最适宜的手握距离。然而今天，他感到两手间的距离比他以往的长度短了一些。他心里猛地一惊，难道是有人将木杆截短了？不可能啊？！他小心翼翼地把两手分别向左右移动，一直到适宜的距离才停住。他看了看,两手都偏离了色块的中间位置。他一下子对木杆产生了怀疑。

刚走了几步,他第一次没了自信,手心有汗沁出。终于,在钢丝中段做腾跃动作时,一个不留神,从空中摔了下来,折断了踝骨,表演被迫停止。事后检查,那根木杆长度并没变,只是粗心的油漆匠将蓝白色块都加长了一毫米。

很多时候,我们的自信都是受习惯思维的影响。木杆的长度没有变,但自信的距离改变了。就是这一毫米长度的变化,影响了他的成败。

信念是一种无坚不摧的力量,当你坚信自己能成功时,你必能成功。

小泽征尔是世界著名的交响乐指挥家。在一次世界优秀指挥家大赛的决赛中,他按照评委会给的乐谱指挥演奏,敏锐地发现了不和谐的声音。起初,他以为是乐队演奏出了错误,就停下来重新演奏,但还是不对。他觉得是乐谱有问题。这时,在场的作曲家和评委会的权威人士坚持说乐谱绝对没有问题,是他错了。面对一大批音乐大师和权威人士,他思考再三,最后斩钉截铁地大声说:"不!一定是乐谱错了!"话音刚落,评委席上的评委们立即站起来,报以热烈的掌声,祝贺他大赛夺魁。原来,这是评委们精心设计的"圈套",以此来检验指挥家在发现乐谱错误并遭到权威人士"否定"的情况下,能否坚持自己的正确主张。因为,只有具备这种素质的人,才真正称得上是世界一流音乐指挥家,在三名选手中,只有小泽征尔相信自己而不附和权威们的意见,从而获得了这次世界音乐指挥家大赛的桂冠。

著名的黑人领袖马丁·路德·金说过这样一句名言:"这个世界上,没有人能够使你倒下。如果你自己的信念还站立的话。"

你对自己的信念相信到何种程度？你对自己的事业有多大的信心？你犹豫不决、行为方式摇摆不定吗？你坚信去干自己认为正确的事吗？你对自己的事业很有信心，因此你能够不顾任何人和事的阻碍而建立它吗？……信念，是蕴藏在心中的一团永不熄灭的火焰。信念的力量，在于即使身处逆境，亦能帮助你扬起前进的风帆；信念的伟大，在于即使遭遇不幸，亦能召唤你鼓起生活的勇气。信念是一种无坚不摧的力量，是人生成功的精神基础。

第三章

志存高远，做最好的自己

1. 远大的目标能激发人的潜能

人生的目标就像沙漠中的地图，只要你愿意，那么你自己就可以画，毕竟命运掌握在自己的手中。远大的目标能激发人的潜能。人们常说："一个人追求的目标越高，他才能发展得越好。"

清晨，一个很喜欢跳舞的农家女孩，在四周白雪皑皑的村子里翩翩起舞，她梦想着有机会能够在真正的大舞台上尽情地表演，旋转她那优美的舞姿。于是，她一直跳着，不断地努力着，终于，她从农家小院跳到了大众舞台，从孤身一人跳到万人共舞……

这就是那个我们都很熟悉的央视公益广告和那句经典的广告语："每个人心中都有一个自己的舞台。心有多大，舞台就有多大！"生活就是一个大舞台，你想成为什么样的人，取决于你对自己生命的规划与定位。如果你首先就把自己的生活目标定得那么卑微，那么平凡，那你也很难获得向更开阔的事业和人生奋进的可能。

目标只要不是高得成了海市蜃楼，那么就尽可能远大一些。目标越远大，越能充分挖掘你的潜能。一个目标远大的人，即使实际没有达到最终的目标，他达到的目标也往往比设定小目标时大。

我们都有这样的体会，如果确定只走十千米路程，走到七八千米处就会因松懈而感到困乏，因为目标马上要达到了；但是，如果要走二十千米，在七八千米处正是斗志昂扬之时。目标高远给我们留下了较大的奋斗空间，我们才不会因自我设限而窒息，不会达到较低目标后偃旗息鼓，才能积极地追求更大的成功。因此，伟大的歌德说："就最高目标本身来说，即使没有达到，也比那完全达到了的较低目标更有价值。"

拿破仑也曾经说过一句名言："不想当元帅的士兵，不是好士兵。"世上成大事者都是因为自己有一颗"要想当元帅"的野心而最后如愿以偿的，这种野心其实就是雄心。如果一个人有较高层次的需求，他的欲望就会高涨，而在行动中就会表现出积极进取的姿态。反之，长期在低层次需求的环境中生活是不会有什么满足感的，欲望也会随之降低，而无奈感则会与日俱增。在很大程度上，一个人的目标决定了他能够达到的高度。你对自己有什么样的期望，你的事业、人生就会呈现出什么样的结果。

有人在高山之巅的鹰巢里，抓到了一只幼鹰，他把幼鹰带回家，养在鸡笼里。这只幼鹰和鸡一起啄食、嬉闹和休息，它以为自己就是一只鸡。这只鹰渐渐长大，羽翼丰满了，主人想把它训练成猎鹰，可是由于终日和鸡混在一起，它已经变得和鸡完全一样，根本没有展翅高飞的愿望了。主人试了各种办法，都毫无效果。所以，即使原本是鹰，如果它以鸡的眼光和能力来要求自己，时间长了就会真的失去想飞的冲动和能力。

什么样的目标决定什么样的人生，如果你只把目标停留在完成每天的工作、按时上下班、领到每个月的薪水、养家糊口上，那么你将很难得到在职业生涯的更大空间中展示与成就自己的机会。一位商界精英指出：如果你是一个学员，只为分数而学习，那么你也许能够得到好分数；但是，如果你为知识而学，那么你就能够得到更好的分数和更多的知识。如果你为做生意而努力，那么你可能会赚很多钱；但是，如果你想通过做生意来干一番事业，那么你就有可能不仅赚很多钱，而且会干一番大事。如果你只为薪水而工作，你有可能只能得到一笔很少的收入；但是，如果你是为了你所在公司的前途而工作，那么你不仅能够得到可观的收入，而且你还能得到自我满足和同事的尊重。你对公司所做的贡献越大，就意味着你个人所得到的回报就会越多。

只有拥有远大目标的人才能够取得伟大的成功。只追求低目标的人，所得亦不过如此。如果自己设定了远大的目标，那么，面对这个目标就能集中精力，聚精会神，而这乃是成功的关键。

所以我们在设计自己的职业生涯目标时，不妨尽可能地将自己的目标定得高一些，眼光和气魄放得长远一些。比如你现在是个小职员，不要把目标仅仅定在当上部门主管上，为何不敢要求自己通过几年的努力坐上经理的位置呢？如果你已经是个优秀的中层管理者，为什么不敢去想自己有朝一日能开创自己的大公司，自己当老板呢？只要你的理想和气魄足够大，有什么目标不能实现呢？现在看来仿佛觉得无论如何也难以达成的远大目标，只要你敢想，并且去努力，就一定会在将来的某一时刻得以实现。

1949年，一位24岁的年轻人充满自信地走进了美国通用汽车公司，应聘做会计工作。这位年轻人来通用应聘只是因为父亲告诉他，通用汽车公司是一家经营良好的公司，同时，父亲建议他可以去看看。于是，这位年轻人就来了。

在面试的时候，这位年轻人的自信给面试官留下了深刻的印象。当时，通用公司只有一个会计的名额，面试官告诉这个年轻人，竞争这个职位的人非常多，而且，对于一个新手来说，可能很难立即胜任这个职位的工作。但是，这个年轻人根本没有认为这是困难，相反，他认为自己完全可以胜任这个职位，更重要的是，他认为自己是一个善于自我激励、自我规划的人，他说自己来应聘的目的就是想成为通用汽车公司董事长。

正是由于年轻人具有自我激励和自我规划的能力，他被录用了！

录用这位年轻人的面试官这样对秘书说:"我刚刚雇用了一个想成为通用汽车公司董事长的人!"这位年轻人就是罗杰·史密斯,1981年1月,出任通用汽车公司的董事长。

什么样的目标决定什么样的人生。凡有大成就者必先有吞天吐月的野心和远大目标。放长一段目光,你会扩大一片人生舞台。短浅的目光与狭小的视野,只会限制你的生活向更大空间延伸。

鹰击长空,是因为志在蓝天;志存高远,人生才会灿烂辉煌!

2. 安于现状,是最大的陷阱

停滞不前的生活像是一潭死水,没有波澜,毫无生气。每一个平淡的日子都需要一股动力,像清泉一般,在死寂的水面上激起绚丽的涟漪。若想改变生活,就要随时为自己注入灵动鲜活的补给,激发起生命的斗志,让麻木消沉的日子离你远去。

曾经有一个国王和他的王后生了一个漂亮的儿子。在孩子举行洗礼仪式的那一天,有12位仙女前来祝贺,并且每个仙女都带来了礼物。高贵的出身、智慧、力量、英俊,所有世上美好的东西都堆在小孩的面前,看起来他肯定会超过所有那些永垂不朽的人们。正在这个时候,第12位仙女姗姗而来,她带来的礼物是不满。但是那个愤怒的父亲拒绝了她和她的礼物。

随着岁月流逝,年轻的王子茁壮成长,简直就是完美的典范。在他的心中，没有因为不满而产生的那种渴望追求什么的迫切感。他性情温和，行动安静，时光一天天地从他身边流逝，王子的心灵渐渐地枯萎了。终其一生，他一事无成。最终，国王才领悟到那被拒绝的礼物才是最珍贵的礼物。就这样，一个本来应该干一番轰轰烈烈事业的人变得平庸了。

很多伟人在常规生活中感觉不满，感觉到自己有从事其他事业的天资，于是放弃了原先受过专门训练的职业。

伏尔泰就是因为发现法律学习枯燥无味，不可忍受，才转而从事文学工作的；大文豪鲁迅先生原本也是学医的，后来觉得文学创作更能拯救中华民族的灵魂，继而投身到拯救人们精神世界的事业中，成为一代文学泰斗；著名诗歌作者穆力耳在专门写剧本之前曾经花了5年的时间学习法律；古德也是放弃了法律，改为钻研戏剧的。

也有一些人是脱离其他职业，去服从内心真正才能的召唤。许多英国资产阶级革命的领军人物在成为功绩显赫的领袖之前，曾经一度是牧场工人或啤酒酿造者。拿破仑最欣赏的一位军事历史学家曾经还是一个股票经纪人，而华盛顿元帅则做过一段时间的缝纫用品商人。

有一位心理学家曾经说过一句很耐人寻味的话：我们所从事的往往不是我们所擅长的。当然，这其中有很多的无法改变的客观原因。在大部分情况下，伟人们也和常人一样，在父母的安排下迈进生活的常轨，但他们很快发现自己就像是被挤在四方形洞窟里的圆球，对现状不满，处境窘迫，无用武之地，满心焦虑。

在某次战斗胜利后，有人问成吉思汗，是否等到机会来临后，再去进攻另一个城市，成吉思汗听了这话，竟大发雷霆，他说："机会，机会是靠我们自己创造出来的。""创造机会",便是成吉思汗之所以伟大的原因。因此,唯有去创造机会的人,才能建立轰轰烈烈的丰功伟业。

美国康奈尔大学的生物学教授做了一个著名的实验叫作煮青蛙。

实验是这样的:先把一只青蛙故意丢进煮沸的水中,由于青蛙反应灵敏,在千钧一发之际,它用尽全身力气跳出水锅,安全地逃生了。

30分钟后,教授们又使用一个同样大小的铁锅,不同的是这次在锅里先放满了冷水,然后把那只曾经死里逃生的青蛙再放进去,这只青蛙在锅里并没有像第一次那样跳出来,而是欢快地表演着它的游泳技巧。接着,他们又不断地将水加热,这只青蛙不知道即将大祸降临,依然在水中自由自在地游来游去,它还以为是在泡温泉呢,当它感到情形不对时,为时已晚,它欲跃乏力,全身瘫软,只好躺在水里,最后终于翻起了白肚皮——死了。

由上面的这个实验可以看出安于现状是非常可怕的,缺乏危机意识,等于是对自己的生命不负责任。不管你扮演什么角色,不管你现在多么成功,也不管你现在所处的环境多么舒适,都必须主动改变自己,以应对环境的恶化。

如果安于现状,孔子也许只能是鲁国一个管理钱库财粮的小官,不会成为一个受万人推崇的"圣人";如果安于现状,左思也许不会因"洛阳纸贵"名噪一时;如果安于现状,毛泽东也许就只能是北京大学的图书管理员,不会领导中国革命走向胜利,不会成为开国元勋。

机会对每个人都是公平的,之所以有平庸的人,是因为他们满足现在的生活,同时机会降临时他们也不去把握,好位置就只好让他人捷足先登,他们不想去竞争,优势最终会被劣势所取代;而那些成功的人绝不会找这样的借口,他们不等待机会,不安于现状,也不向亲友们哀求，而是靠自己的苦干努力去创造机会，他们深知，唯有自己才能给自己创造机会，发挥出优势，才不会让优势变成劣势。

我们总是对安稳的生活恋恋不舍，周而复始地等待着生命的终老……当心灵因疲惫而停下来时，生命也就会随之停下，当人前进的脚步慢慢停止时，生命的机能也会跟着不断萎缩。一旦环境改变，危险袭来，我们就会因为不适应而变得惶惶不可终日。世界是变幻莫测的，我们即便不能与它保持并肩同行，也要及时跟上它的脚步。时刻给自己一股动力、一眼清泉，让自己保持充足的活力与高昂的热情，相信无论未来怎样，我们都能坦然地面对。

3. 用充满激情的心拥抱未来

激情能创造出财富，也能创造出奇迹，可以说激情是奇迹之母。美国成功学大师卡耐基称激情为"内心的神"，认为"一个人成功的因素很多，而首要的因素就是激情。没有激情，无论你有什么能力，都发挥不出来"。大凡能创造出奇迹的人，并没有什么特异功能，靠的只是一股激情。

我们都见过沸腾的开水，每一个水分子似乎都在争相跳跃，不断向上，人的心态也应该如此。每一滴血都应该沸腾起来，湖水如果永远都平静没有波澜，那就成了一潭死水，人生如果永远不能沸腾起来，那么人也如同死去一般，生与死都已经没有分别。

很久以前有一部电影叫《沸腾的生活》，讲述了一个关于罗马尼亚人自力更生造船的故事。罗马尼亚自行制造的5.5万吨矿砂船，试船时因螺旋桨叶片破裂而失败，造船厂厂长科曼决定发扬自力更生的精神，凭着自信和一腔热血，想要依靠工人和技术人员重新铸造，但这项决定并没有得到上级的支持，上级认为他们没有实力，不会成功，并不支持他的试验。面对重重困难，科曼没有放弃，而是怀着莫大的信心，坚忍不拔，最后终于铸出大型螺旋桨，试航也大获成功。

从常熟师范到北大，从大学教师到中国最富有的教师，从新东方到计划创建中国最高质量的私立大学，这是俞敏洪到目前为止的人生经历。

作为中国第一家在纽约证交所上市的教育机构，新东方催生了近10名身价过亿元的教师。可是俞敏洪也曾是一个被人遗忘的学生，那时，因为在大学三年级患肺结核休学一年，俞敏洪从北大的1980届转到了1981届，结果1980届和1981届的同学几乎全部把他忘了。当时有同学从国外回来，1980届的同学拜访1980届的同学，1981届的同学拜访1981届的同学，但是竟然没有人来看俞敏洪，因为两届的同学都认为他不是他们的同学。那时候俞敏洪感到非常痛苦，非常悲愤，非常心酸，甚至自己在房间里咬牙切齿，诅咒那些没有感情的同学。

也许就是这种同学的忽略和不重视，点燃了俞敏洪心中的沸腾之火，他忽然明白了，你自己没有一腔热血，不沸腾起来，不努力生活得最好，谁会记得你呢？你的人生就像是死水一样不泛起波澜，别人怎么会注意到你呢？要想让别人看得起，那就得先让自己沸腾起来，投入到生活中。

明白了这个道理之后，俞敏洪再也不责怪那些同学了。现在，1980届和1981届两届的同学都承认俞敏洪是他们优秀的同学。

事实上，人人生而平等，不以种族、阶级差别而划分人群的观念，中国自古就有。那种抛头颅、洒热血的激情人士，中国自古就有。

公元前209年，秦政府征发闾左戍卒900人前往渔阳（今北京密云）戍边。由于天下大雨，这支队伍被阻留在蕲县大泽乡，不能如期赶到渔阳。秦法"失期当斩"，九百戍卒将无一能生。就在这时，陈胜高喊出了一句话："王侯将相宁有种乎？"陈胜、吴广率领戍卒，杀死押送他们的将尉，"斩木为兵，揭竿为旗"，点燃了中国历史上第一次农民大起义的熊熊烈火。

为什么中国人做不了世界首富？为什么我们就不能生产出可以与美国、德国相媲美的高端科技产品，使自己的民族工业产品也畅销全球？难道白种人就是优等种族，犹太人就注定是生意人？

是的，有谁还记得祖先的激情演说？虽然我们现在的社会没有阶级差别，没有森严的等级制度，人人平等独立，可是我们却越来越胆小，越来越喜欢强调自己和别人的差别，越来越否定自己的独立性和创造性，而把成功和富裕的原因都归结于外部条件。

找到激情，找到愿意为目标而疯狂努力的动力。如果缺乏这个催化剂，一段时间过后，你又会回到贫穷的原点。

问问你自己：什么事能够让你赴汤蹈火在所不惜呢？你是否曾经为了实现愿望而努力拼搏？让心情平静下来，到一个安静的环境里，然后试着描绘想拥有的东西、想去做的事与想成为的人的影像，反复练习，直到影像清晰，再次找回激情的力量。

4. 用心规划，人生才不会迷茫

人生有了规划，才不会迷茫。有了人生的规划，我们不仅清楚自己现在所处的位置，更清楚自己下一步所要迈出的方向。

我经常听到身边的朋友讲这样一些话："我很迷茫……""我后悔了……""如果时间重来，我一定会……"

那么，你是否也会经常抱怨老天的不公平、生活压力繁重、人际关系难处、工作不如意等烦恼呢？"新东方"创始人之一徐小平曾经说过一句颇有哲理的话："人生没有设计，你离挨饿只有三天。"话虽然有些夸张，但在竞争如此激烈的当今社会，"人生需要规划"已经是毋庸置疑的思想理念。

但实际情况却是，世界上有六十多亿人口，能按照自己的意愿生活的人少之又少，为什么会这样呢？

让我们借用哈佛大学的一个著名试验来说明。

20世纪中叶，一位哈佛大学的著名社会学教授访谈了1000名即将毕业的本校学生，问了他们一个很简单的问题，即"您对自己的人生有没有清晰的人生规划"。

得到的结果是，只有很小一部分（不到4%）学生说对自己的人生拥有清晰的人生规划；一部分（大约占16%）的学生虽然有规划，但不是很清晰。

30年过去了，这位执着的教授又回访了这些学生，除了35位由于过世或其他原因未能联系到以外，其他965名学生都取得了联系，该教授通过对他们的健康、家庭、事业、情感、财务等多项指标的统计，发现一个很有趣也很惊人的结果。

数据表明，当年毕业时那些拥有清晰人生规划的学生，在以上的各项指标中得分都是最高的，他们不仅拥有健康的身体、美满的家庭、成功的事业，还获得了平衡的心灵和令人羡慕不已的财务自由。

而那些有模糊的人生规划的人（不到16%的人），成为各行各业中的专业人士，虽然其中不少人薪水较高，但在健康、家庭与心灵等诸多方面产生了不少矛盾，身心疲惫成为他们一致的特征。

当然，在回访的人群中所占人数是最多的，是当年80%以上的没有任何规划的人，他们一般是工作几年之后，一旦衣食无忧就不再持续努力了，所以他们中大多数人都只能长期作为一个平凡的职员、技术人员或销售人员，而不能取得非凡的成就，甚至还有不少人靠政府的失业救济金勉强度日。

可见，就连哈佛大学这样的世界名校也无法保证每个人都能获得成功，更何况我们平凡的普通人呢？

那我们如何才能成为像那4%的人一样拥有完美的人生呢？关键就在于你一定要有清晰的人生规划！

没有计划的人往往被规划掉，而用心规划的人生才更容易成功。

有这样一个故事：1944年，美国洛杉矶郊区的一个没有见过世面的15岁少年约翰·戈达德在"一生的志愿"表格上认真地填写了127个目标。这些目标包括：到尼罗河、亚马孙河和刚果河探险；登上珠穆朗玛峰、乞力马扎罗山和麦特荷恩山；骑上大象、骆驼、鸵鸟和野马；探访马可·波罗、亚历山大一世走过的道路；驾驶飞行器起飞降落；读完莎士比亚、柏拉图和亚里士多德的著作；写一本书……

写完后，他给每个目标编号说："这就是我的生命志愿，我要用自己的生命去一一完成！"

16岁那年，他和父亲到了佐治亚州的奥克费诺基大沼泽和佛罗里达州的艾佛格莱兹探险，他完成了表上第一个项目；

18岁的秋天，他踏着漫天落叶离开了自己的家乡；

20岁的时候，他成为了一名空军驾驶员；

21岁的时候，他已经去过21个国家旅行；

22岁，他在危地马拉的丛林深处发现了一座玛雅文化的古庙。同年，他成为了"洛杉矶探险家俱乐部"有史以来最年轻的成员……在亚马孙河探险时，他几次船毁落水，差点儿死去；在刚果河，他几乎葬身鱼腹；在乞力马扎罗山上，他遇到雪崩，甚至被凶猛的雪豹追逐。将近60岁的时候，他已经实现了127项目标中的106项。这在一个普通人看来实在是一个奇迹。

想赚1亿元的人和想赚100亿元的人，他们赚钱、花钱的方式肯定不一样；想攻读博士学位的人和一心盼着毕业就踏入社会工作的人，在学习的量和质上肯定存在很大差距。

这个差距的原因，就在于你是如何规划自己的人生的。当你有了规划，人生才不会迷茫。有了人生的规划，我们不仅清楚自己现在所处的位置，更清楚自己下一步所要迈出的方向。

5. 不是逆来顺受，而是主动承受

每个人其实都有改变命运的机会，关键看我们肯不肯为这个机会付出代价，如果我们视而不见，那么就不要抱怨生活的不公。总是逆来顺受地工作，不如主动承担工作中的义务，主动承受生命道路上的痛苦，这个机会就在主动承担的过程中出现，也靠我们主动承担来抓住。

一个具有成功潜质的人，在他受到任何打击的时候，都能保持一份气定神闲，不气馁不放弃，在困境中继续向前，抓住光明，寻找机会，最终创造出令人惊叹的成绩。

金水泉的右腿因先天性小儿麻痹症致残，他并没有为此长吁短叹，也并没有觉得老天爷对于他是多么不公，而是付出了更多的努力去获得与正常人平等的机会。他在萧山第二印刷厂跑供销业务的时候，就是凭借着不服输的精神，使得自己的业务量在全厂数一数二。

后来，他的事业有了一定的基础，生活日渐好转起来，他却突然出现了一次意外事故，他的左腿被轧断了。为此，他失去了工作，同时背上了一万多元的债务，他的人生仿佛滑落到了最低谷。

但是，他此刻却做出了让人意想不到的一个决定：借款创办彩印包装厂。建厂之初，妹夫骑自行车载着他，一家家上门去找客户。经过不懈的努力，不到半年的时间，他的彩印包装厂经营便使他还清了债务。

这个世界上总有比我们更加不幸的人。当我们顾影自怜时，比我们更加不幸的人可能正在用乐观的态度接受命运的洗礼，以一种积极的心态向命运挑战。处境相同的两个人，逆来顺受的那个可能沦落成了乞丐，主动承受的那个却有可能成为商业巨贾。

有人说："一个人如果一辈子不遇到些事情，有可能永远是平凡的人。"然而，很多"遇到事情"的人有可能会选择逆来顺受，在这些"事情"中跌倒，只有当他选择勇敢地主动承受时，他才能够成为不平凡的人。

1960年1月，安东尼·布尔盖斯40岁的时候，得知自己患了脑癌，医生预言他只能活过当年的夏天。由于破产，他没有任何东西可以留给自己的妻子琳娜，而她马上就要成为一个寡妇了。虽然布尔盖斯明白他的生命即将凋零，但是他知道自己必须和命运搏斗。

布尔盖斯虽然靠做生意维持生计，但他从小就有写作的爱好，为了给妻子琳娜留点钱，他开始尝试写小说。他不知道自己写的东西能否出版，然而他别无选择。

那段时间，布尔盖斯拼命写作。在新年的钟声敲响之前，他竟然不可思议地完成了五部小说。对于这一惊人的小说产量，布尔盖斯事后把它归功于自己只想尽可能多地写，以期为妻子多留些稿费。

然而最后，布尔盖斯并没有死。癌细胞正逐渐消失，他的病情得到了缓解。从此之后，小说创作成为布尔盖斯毕生的职业。他一生写了70多部书，算得上是一个极为高产的作家，其中《发条橙》是他的代表作。然而如果没有那个可怕的死亡预言，他也许根本就不会从事写作。

遇见事情，如果我们逆来顺受，只抱着消极的心态叹息命运不公，那么，我们将变得更加平庸。任何成功者都不是天生的，他们因为不甘平庸，所以选择奋斗。著名的推销员乔·吉拉德在35岁的时候，他依然不能养活自己的妻子儿女，但他并没有放弃，而是选择承受生活中的一切压力，最终在汽车销售领域取得了巨大成就。

选择主动承受其实就是选择让挫折打磨。俞敏洪说过："成功是磨出来的。"在困境中，如果我们连主动承受的勇气都没有，那么成功就永远不会到来。生命中的每段经历，都蕴藏着一个自我提升的机会，我们选择相信自己，就一定会有所成就，就像人们常说的那样：心有多大，舞台就有多大。

6. 有做小事的精神，才有做大事的气魄

有句话是这么说的：千里之行，始于足下。由此可见，任何伟大的工程、任何宏大的理想都源自一砖一瓦的累积，任何耀眼的成功也都是从一跬一步中开始的。这一砖一瓦、一跬一步的累积，都需要我们以尽职尽责的精神去一点一滴地完成。

优秀的成功人士大都是这样的人：有高度的责任心；工作态度表里如一、一丝不苟；永远抱有激情。他们的成功是一种透明的成功，没有半点虚假，没有半点水分。

全世界人都知道，姚明曾是NBA赛场上的英雄，身价上亿美元；白发苍苍的美国Viacom（维亚康姆）公司董事长萨默·莱德斯通神采奕奕，永远年轻，他所领导的公司在美国拥有很大的名气；事业有成的比尔·盖茨仍潜心凝神地工作，决意把微软的产品卖到全球每一个地方……在这里，他们的身份各异，或者是球星，或者是公司的董事长，但是仔细想一想，他们的态度却是如此惊人的相似，认真地对待工作，百分之百地投入工作，从来没有想过要投机取巧，从来不会耍小聪明。

工作就意味着责任，岗位就意味着任务。在这个世界上，没有不

需要承担责任的工作，也没有不需要完成任务的岗位。工作的底线就是尽职尽责。

坚守岗位，完成任务，这就是我们所说的岗位责任。假如你是公司老板，在分派任务的时候，你会信任这样的人吗？在提升职位的时候，你会首先考虑他们吗？当然会！这样的人无疑是能够准确无误完成任务的人。

任何一种工作做久了都会令人心生厌倦、感到没有出路。其实，问题也许并非出在工作本身上，而只是人的心理作用。在工作中，永远都不要忘记随时调整心态，因为工作的突破取决于人自身的突破。

有一个商场招聘收银员，经过筛选有三位女生参加复试。

复试是由老板亲自主持的，当第一个女生走进老板的办公室时，老板拿出一张一百元的钞票，要这位女生到楼下去给他买一包香烟。可是，这位女生认为自己还没有被正式录用，就被老板无端指使，将来的工作一定会有很多麻烦事，于是干脆地拒绝了老板的要求，气冲冲地离开了老板的办公室。

第二个女生走进办公室后，老板也拿出了一张一百元的钞票，要她去买一包香烟。这位女生很想给老板留下好印象，于是爽快地答应了。然而，当她到楼下买香烟时，却被告知这张一百元的钞票是假的，没办法，她只好用自己的一百元买了香烟，又把找来的零钱全部交给了老板，对假钞的事只字未提。

第三个女生也同样被要求去买香烟。当她接过老板递过来的一百元钞票时并没有转身就走，而是仔细地看了看钞票，马上就发现这张钞票可能有问题，于是很客气地要求老板另外再给她一张钞票。老板微笑着拿回了那张一百元钞票。就这样，第三位女生被录用了。

很多时候,一件看起来微不足道的小事,或者一个毫不起眼的变化,却能实现工作中的一个突破,甚至改变命运。所以,在工作中,对每一个变化,每一件小事我们都要全力以赴地做好。

阿基勃特是美国标准石油公司的一名小职员。他有一个习惯:在出差之中,每一次住旅馆都会在自己签名的下方写上"每桶标准石油4美元"的字样,连平时的书信和收据也不例外,签了名就一定要写上那几个字。因此,他被同事起了个"每桶4美元"的外号。渐渐地,他的真名倒没有几个人叫了。公司董事长洛克菲勒先生知道这件事后十分惊奇,心里想:"竟有如此努力宣传自己公司声誉的职员,我一定要见见他。"于是,他邀请阿基勃特共进晚餐。后来,洛克菲勒先生卸任后,阿基勃特就顺理成章地成了第二任董事长。

在签名的时候,署上"每桶标准石油4美元",这是一件非常小的事,严格来说,它不在阿基勃特的工作范围之内,但他全力以赴地一直坚持着,并把它做到了极致。尽管遭到了许多人的嘲笑,可是他始终都没有放弃的念头。

在嘲笑阿基勃特的人当中,肯定有不少人的才华与能力在他之上,可是,最后当上董事长的却是他。这是为什么呢?其实,这是因为他能够认真地做好每项工作,并且不顾别人的眼光依然坚守自己的原则。

美国青年克雷格·卡尔霍恩,年满12岁后,每年暑假都在父亲开的清污公司干活,父亲用一桶清洗液和一把钢丝刷,头顶烈日为儿子上了重要的一课:每一件工作都好比签名,你的工作质量实际上等于你的名字,只要脚踏实地,埋头苦干,迟早会出人头地。

他按照父亲的教导,用钢刷蘸着清洗液把砖头洗得干干净净。后来，克雷格·卡尔霍恩在西南食品超市由包装工升为存货管理员，整天干着装装卸卸、摆摆放放这样细小麻烦的工作，但他却一丝不苟，乐此不疲。有朋友屡次劝他："别把青春耗费在这种没出息的事情上！"他却不以为然，仍是坚守着自己的工作信条：工作无大小，干好当下每件事。

朋友认为他是个大傻瓜，一辈子也干不出什么名堂。然而，他却为自己干好了这桩谁都不愿干的工作而自豪不已，他相信父亲的话："只要自己不断努力，只要认真地做好每件事，上帝一定会眷顾你的。"果不其然，数年后克雷格·卡尔霍恩脱颖而出，成为拥有8家商店、一年总营业收入达5200万美元的老板！

在我们身边，很多人轻视小事，认为小事不值得做，因此为自己的工作留下了隐患。其实，工作中无小事。所有的成功者与我们一样，每天都在对一些小事全力以赴，唯一的区别是他们从不认为自己所做的事是简单的小事。

不要小看小事，不要讨厌小事，只要有益于自己的工作和事业，无论什么事情我们都应该全力以赴。用小事堆砌起来的事业大厦才是坚固的。

7. 积极面对人生，掌控生活

人在个体上存在差别——体力有强弱之别，智力有高低之分。在激烈的社会竞争中，难免会产生强弱。在这种有形无形的划分中，我们也有意无意地把自己摆放在一个特定的等级上，这样，难免就会有人自信，有人自卑。

难道强弱真的就这样一成不变吗？

一匹掉队的斑马不安地四处张望着。一只饿了一天的狮子发现了这匹斑马，于是它借着草丛的掩护，潜行到了斑马后面。斑马还没有发现，狮子突然闪电般地窜出去，冲向那匹斑马，斑马这时才知道危险临近，它本能地闪躲狮子的攻击。

狮子第一回合扑了个空，转身再度扑来，斑马拔腿狂奔，闪进一处灌木丛里。在灌木丛里追逐猎物可不是狮子所长，它在外面搜寻了一会儿，低吼几声，蹒跚地回到原来的土丘上。

这是一则模拟出来的草原竞争，虽然是模拟，却是事实——狮子是草原上的强者，很多动物根本不是它的对手。还有些动物，一看到它就四肢无力，瘫在地上等待生命的结束。

和狮子比起来，斑马是弱者；除斑马之外，草原上还有许多弱者，可是，这些弱者至今仍然存在。可见，在动物的世界里，没有绝对的强者和弱者，强弱只是相对的。这是一种生态平衡，也可以这么说，在动物世界里，弱者也有属于自己的一片天空！

在人的世界里，也没有绝对的弱者。在田径场上，跑得快的便是强者；在考场上，分数高的便是强者！可是，田径场上的强者并不一定是考场上的强者，考场上的强者也不一定是商场上的强者！因此，所谓的"优胜劣汰"只描述了一部分的真实，这句话并不是真理，如果错误地理解它，那么自认为是"弱者"的人就一辈子没有出头之日了。

强者和弱者在社会中扮演的角色不同，所以二者的心理状态也完全不同。强者心态的基本出发点是"竞争"，一张馅饼谁能抢到就属于谁；而弱者心态的基本出发点是"平等"，一张馅饼应该大家平分，倚强欺弱是不道德的。一个具有强者心态的人，其基本标志就是有向强者挑战的雄心。

当遭遇挫折或者失败的时候，弱者喜欢找比自己差或者渺小的人或事物做参照物，以此安慰自己还不是最差的一个。强者则相反，他们会找比自己更强大、更广领域的人或事物作为参照物，以认清自己渺小和不足的地方，重新找到自己前进的方向并振作起来。

1946年，一个名不见经传的汽车小厂"丰田"开始立下雄心，制订了向当时的汽车王国——美国挑战的计划。作为战败国，"丰田"公司在资金上、技术上还不能与实力雄厚的美国汽车大公司相比，而且在1949年以前，驻日本盟军司令部还禁止日本制造汽车，但这些都没有阻止日本人向美国汽车挑战的雄心。30年后，日本"丰田"汽车也成了世界上家喻户晓的名牌。

日本"尼康"公司原是生产军用望远镜的军工企业，日本战败后不得不"军转民"，开始转产民用照相机。当时世界上的照相机王国是德国，"尼康"公司就把自己的产品定位于赶超德国照相机。30年后，日本照相机击败德国照相机，可以说，现在世界上的高档照相机有90%都是日本产品。曾经，世界上的手表王国是瑞士，日本的"精工"等公司又把产品目标放在赶超瑞士手表上，后来成为世界第一大手表生产国。

总之，在社会生活中，实力最强的不一定是生存能力最强的。只要存在竞争和无数的竞争对手，实力最强的也可能最先消亡，而实力最弱的如果能够觅得良机，也极有可能获得最终的胜利。在职业生涯中，能力最优者也未必就会成就事业，因为其面临的竞争最多，在不断地反复博弈中，最终可能会由于其他原因败下阵来。而能力弱者如果能潜心修炼，也有可能获得最后的成功。

我们常常会看到一些弱者，他们总是不停地抱怨。而强者几乎从来不向别人抱怨，他们认为抱怨解决不了任何问题。弱者与强者的不同之处在于，弱者的嘴巴比行动能力强，而且二者几乎成反比；强者的行动能力比嘴巴强，但二者的差距不会太大。

每一片树叶都有正反两面，平滑光洁的正面迎着太阳，吮吸阳光雨露，使树木焕发勃勃生机，欣欣向荣。其实人也一样，有阳面和阴面，不要总是向着阴面悲观叹息，只要转过身来，肯定自己，你就会手握阳光，迎接你的就是一个光辉灿烂的世界。

有一个小男孩，刚出生就被父母遗弃了，一直生活在孤儿院里。他非常悲观，总是无精打采地问院长："院长，你说人活着究竟有什么意思呢？"院长总是笑而不答。

有一天，院长交给小男孩一块石头，说："明天早上，你拿着这块石头到菜市场上去卖，但不是真卖，记住，无论别人出多少钱，你都不能卖。"

第二天，小男孩就拿着石头来到市场上，找了一个角落蹲下来。过了没多久，就有不少人对他的石头感兴趣。第一个人说："小孩，3个金币卖不卖？"

另一个人则说："我出5个金币！"第三个人大喊："卖给我，我愿意出10个金币！"价钱越抬越高，小男孩其实已经动心了，10个金币对他来说是多大的一笔财富啊！可是，小男孩牢牢记着院长的话，怎么也不肯卖。

回来后，小男孩兴奋地向院长报告了这天的事情，院长说："明天你再拿到黄金市场上去卖。"

第三天，在黄金市场上，有人竟然肯出比昨天高10倍的价钱来买这块石头。小男孩还是没有卖。

第四天，院长叫小男孩把石头拿到珠宝市场上去展示。结果，石头的身价又长了10倍，而且由于小男孩怎么都不肯卖，一传十，十传百，竟被传为稀世珍宝。

最后，小男孩兴冲冲地捧着石头回到孤儿院，把这一切都告诉了院长，他问："为什么会这样呢？它只是一块很普通的石头啊！"这回院长没有笑，他望着孩子慢慢说道："孩子，其实生命的价值就像这块石头一样，在不同的环境下就会有不同的意义。这块不起眼的石头，仅仅由于你的珍惜而提升了它的价值，竟被传为稀世珍宝。你不就像这块石头一样吗？只要你自己看重自己，珍惜自己，你的生命就是有意义的，你活着就是有价值的啊。"

纳粹德国某集中营的一位幸存者维克托·弗兰克尔说过："在任何特定的环境中，人们还有一种最后的自由，那就是选择自己的态度。"

一种商品的价值是通过它的价格体现的，而人的价值却是由态度来决定的。用积极的态度肯定自己，你就会拥有积极的人生；用消极的态度否定自己，你最终只能拥有消极的人生。

肯定自己，一定能使生命更加完美。当面临巨大的苦难与挑战时，用你最好、最坚强的心态去面对吧。当你最终超越自己之后，就会深深体味到那种"闲看庭前花开花落"的宠辱不惊，"漫随天外云卷云舒"的轻松惬意，生命就像在浩瀚无边的海洋里游弋般无拘无束……

刘墉先生说过："虽然不是每个人都可以成为伟人，但每个人都可以成为内心强大的人。内心的强大，能够稀释一切痛苦和哀愁；内心的强大，能够有效弥补你外在的不足；内心的强大，能够让你无所畏惧地走在大路上，感到自己的思想高过所有的建筑和山峰！"

在生活的道路上，我们总会遇到各种各样令人烦恼的事情和不计其数的对手。于是，我们开始绞尽脑汁地想着与这些对手较量。在这些较量中，有些人成了我们的朋友，有些人成了我们的"敌人"。然而在不知不觉中，我们总是忽略那个自己最大的"敌人"和朋友——自己。

其实，自己是自己最大的"敌人"。我们只有用积极的态度不断地肯定自己，才能在一次次感受失败的苦涩后战胜自己、超越自己，从而使生命在行走的年轮中感受激情，感受成功，感受自己那穿透灵魂的微笑。

8. 只选一把椅子坐

如果你的人生没有一个专一的目标，那么无论你做事多么努力、多么勤奋、多么专注，你这辈子也注定失败。

人尽管有两条腿，但只能走一条路。再厉害的人，哪怕他会分身术，也只能活上一辈子。从数学逻辑上看，人生的成败就决定于对追寻目标的把握上，人的一生若除以唯一的目标，成功率就是100%；人的一生若除以两个目标，成功率就成了50%；以此类推，追求的目标越多，成功的概率越低，人生之路、事业的追求也就越渺茫。

人一辈子的得失成败、人和人之间的差距和区别，往往就取决于1÷1、1÷2、1÷3……这么简单的数学逻辑上。大凡出类拔萃者，多是目标始终如一的人。奇怪的是，在现实生活中，绝大多数的人们都把小学时就学会的简易除法忘了，拿单一的人生除以杂七杂八的追寻和欲望，使自己的成功率（也就是除法所得的商）一再变小，直至迷失了自我、虚度了人生。

"年轻人事业失败的一个根本原因，就是精力太分散。"这是戴尔·卡耐基在分析了众多个人事业失败的案例后得出的结论。事实的确如此。许多生活中的失败者几乎都在好几个行业中艰苦地奋斗过。然而如果他们的努力能投入在一个方向上，就足以使他们获得巨大的成功。

"瞧这儿"，一个农场主对他新来的帮手杰罗克说，"你这种犁法是不行的，你的犁都歪了，在这样弯曲的犁沟中，玉米会长得很混乱。你应该让你的眼睛盯住田地那边的某样东西，然后以它为目标，朝它前进。大门旁边的那头奶牛正好对着我们，现在把你的犁插入土地中，然后对准它，你就能犁出一条笔直的犁沟了。"

"好的，先生。"10分钟以后，当农场主回来时，他看见犁痕弯弯曲曲地遍布整个田野。"停住！停在那儿！"杰罗克说："先生，我绝对是按照你告诉我的在做，我笔直地朝那头奶牛走去，可是它却老是在动。"

因为目标总是在变动，你就不得不在这个目标和那个目标之间疲于奔命，这是一种没有目的、缺少头脑，而且非常笨拙的工作方法。这种行事方法除了招致失败以外，还能带来什么呢？

爱迪生说过，高效工作的第一要素就是专注。他说："能够将你的身体和心智的能量，锲而不舍地运用在同一个问题上而不感到厌倦的能力就是专注。对于大多数人来说，每天都要做许多事，而我只做一件事。如果一个人将他的时间和精力都用在一个方向、一个目标上，他就会成功。"

帕瓦罗蒂是世界歌坛上的超级巨星，当有人向他讨教成功的秘诀时，他每次都提到自己问过父亲的一句话。从师范学院毕业之际，痴迷音乐的帕瓦罗蒂问父亲:"我是去当教师呢,还是去做个歌唱家?"父亲沉思了片刻回答道:"如果你想坐在两把椅子上,你可能会从两把椅子中间掉下去。生活要求你必须有选择地坐到一把椅子上去。"

帕瓦罗蒂为自己选择了一把椅子——唱歌。经过了7年的失败与努力,帕瓦罗蒂才首次登台演出;又过了7年,他终于登上了大都会歌剧院的舞台。

只选一把椅子,多么形象而切合实际的理念!古人云:要有所为,有所不为。这就是说,目标只能确定一个,这样才会凝聚人生的全部合力,集中力量将其攻下。这种理念,与其说是一种严肃的哲学思考,倒不如说是人们为了生存和发展得更好的一种本能的自我优化。

只选一把椅子,意味着在选准全力以赴的事业时,也选择了一种生活。就像贝多芬与音乐、柏拉图与哲学、毕加索与绘画、司马迁与史学、陈景润与数学、袁隆平与水稻……他们所选定的唯一一把人生座椅,决定了各自的人生轨迹及留给后世的声誉。

第四章

微笑向前,
爱上不完美的自己

1. 真实的人生没有完美可言

人生几乎没有完美的，因为完美是要付出代价的，而一旦有了代价就不再"完美"。但人们可以选择走出不完美的心境，而不是在不完美里哀叹。如果我们一味地追求所谓的完美，又怎么能够轻轻松松面对生活呢。

很多人常常埋怨自己的生活不够美满，这也不如意那也不舒心，因此心情抑郁、生活无味。其实，损伤和缺憾往往是我们进入另一种美丽的契机。不完美是生活的一部分，拥有缺陷是人生另一种意义上的丰富和充实。我们每个人都有缺点，重要的是你如何看待它，如何能将这些"缺点"转化为"优势"，将这个"优势"好好运用、发挥，并得到更好的效果。实际上，有些缺点可能恰恰是另一种美丽的优点，可以让你在不经意间铸就另一种人生。

从前，有一位受人雇用挑水的农夫。他有两个水桶，分别吊在扁担的两头，其中一个桶有裂缝，另一个则完好无缺。在每趟长途的挑运之后，完好无缺的桶，总是能将满满一桶水从溪边送到主人家中，但是有裂缝的桶到达主人家时，却只剩下半桶水。

两年来，农夫就这样每天挑一桶半的水到主人家。当然，好桶对自己能够送满整桶水感到很自豪，而破桶则对自己的缺陷感到非常羞愧，它为只能负起一半责任而难过。

终于有一天，饱尝了两年失败的苦楚，破桶终于忍不住了，在小溪旁对农夫说："我很惭愧，我必须向你道歉。"

"为什么呢？"农夫问道，"你为什么觉得惭愧？"

"过去两年，因为水从我这边一路漏掉了，我只能送半桶水到主人家。我的缺陷，使你做了全部的工作，却只收到一半的成果。"破桶说。

农夫替破桶感到难过，他充满爱心地说："这一次，在我们回到主人家的路上，我要你留意路旁盛开的花朵。"

走在回家的山坡上，破桶突然眼前一亮，它看到缤纷的花朵开满了路的一旁，沐浴在温暖的阳光之下，这景象使它开心了很多。

但是，走到小路的尽头，它又难受了，因为一半的水又在路上漏掉了！破桶再次向农夫道歉。

农夫温和地说："你有没有注意到小路两旁，只有你的那一边有花，好桶的那一边却没有花呢？我明白你有缺陷，因此我善加利用，在你那边的路旁撒了花种。每次我从溪边回来，你就替我一路浇了花。两年来，这些美丽的花朵装饰了主人的餐桌。如果你不是这个样子，主人的桌上也没有这么好看的花朵了。"

正是因为那只破桶的不完美，从而成就了路边盛开的鲜花。由此可见，当生命中有不完美的事情时，不要悲观地怨天尤人，因为那只是徒劳。正确地认识这种残缺，不必苛求完美，只有这样，我们才会追求到幸福。

其实，人生没有完美的幸福可言，完美的幸福只存在于理想之中。因为任何事物都不可能达到完美的境界，如果每一个细节都要追求完美的话，那么很有可能就失去了大局。

从前有一位终日消沉的历史学家说："如果我没有完美主义，那我只是一个平平庸庸的人。谁愿意空活百岁，碌碌无为呢？"他把完美主义看成了自己为取得成功必须付出的代价。他相信实现完美是他达到理想高度的唯一途径。可是实际情况呢？他对失败的恐惧使他做事如履薄冰，根本做不出什么业绩。

完美主义也有可能会获得成功，但成功的到来却并不是因为有了这些完美的标准。研究表明，强迫性的完美主义并不利于人的心理健康，反而会使工作效率、人际关系、自尊心都受到严重损害，甚至会导致自卑和自我挫败。

完美主义经常会让人情绪紊乱、工作效率低下。原因之一就是他们以歪曲的、非逻辑的思维方法看待生活。完美主义者最普遍的思维方法是"要么全有，要么全无"。另外，在人际关系中，许多完美主义者感到孤独是因为他们害怕自己的意见不被采纳，使自己的完美形象受到影响。他们为自己的言行辩解，对别人却指指点点，评头论足。这样的做法常常伤害别人，影响同事、朋友之间的关系，最终导致他们陷入被人孤立的境地。

有这样一个小故事。说的是很久以前，有一位完美主义的渔夫。他每次打鱼都追求完美，只想打大鱼，打上来的小鱼都放了回去。

有一天，他从海里捞到一颗晶莹剔透的大珍珠，爱不释手。但美中不足的是珍珠的上面有个小黑点，"美珠有瑕"。渔夫想，如能将小黑点去掉，珍珠将变成完美的无价之宝。于是渔夫将这颗珍珠剥掉一层。可是剥掉了一层，黑点仍在；再剥一层，黑点还在；一层层地剥到最后，黑点是没有了，然而珍珠也不复存在了。渔夫捧着满手的珍珠粉末痛哭流涕。

渔夫想得到的固然是美的极致，但是在他消除所谓的瑕疵的同时，美也消失在他追求过于完美的过程中了。有黑点的珍珠不过是白璧微瑕，正是其浑然天成、不着痕迹的可贵之处，如同"清水出芙蓉，天然去雕饰"。美得自然，美得朴实，美得真切。美真正的价值往往不在于它的完整，而在于那一点点的残缺，就如同缺失双臂的维纳斯，它能给人以无限的遐思，美丽也就在这样一种遗憾和遐想中成为极致了。

要求自己时时保持完美其实是一种残酷的自我主义。真实的人生其实没有完美可言，完美只是理想的情况。刻意去追求完美会使人疲惫不堪。不管对于事情的结果如何在意，偶尔也该放过自己，毕竟完美永远准备不完。而正是因为有了残缺，我们才有梦、才有希望。而当我们为了梦想和希望努力奋斗的时候，可以说我们已经很完美了。

2. 欣赏自己，包容自己

欣赏自己，不是鄙视别人的狂妄自大，而是源于对自己生命的珍视和热爱；欣赏自己，不是让自己成为"井底之蛙"，而是让自己抛弃浮躁后更成熟地走向远方。

孔雀来到天后赫拉的面前，它抱怨自己的嗓音沙哑难听："您看，夜莺的歌声总是可以深深地打动人心，得到众人的喜爱。可是我一开口，群鸟就会嘲笑我，这太不公平了！"

天后赫拉听到孔雀的这一番话后，安慰它说："你的嗓音不好，但你的身姿与容貌却是出类拔萃的，别忘了你在开屏的时候羽毛有多么的华丽富贵、光彩照人，人们也把孔雀开屏视为一大美景啊！"

孔雀依然不满意："既然我的歌声不如他人，这种无言的美丽对我而言又有什么用呢？"

赫拉有点儿不高兴了，她斥责孔雀："每个人都有自己的命运，这是命运之神安排的。她安排了你的美丽、夜莺的歌唱，也安排了老鹰的力量和乌鸦的凶兆。所有的鸟类都应当对神赋予它们的东西感到满意。"

面对天后的斥责，孔雀止住了自己的抱怨。

世界上的任何事物都不可能十全十美，任何人都有着专属于自己的精彩。孔雀的美丽是令人艳羡的，而它却不停地抱怨自己没有动人的歌喉，忽略了自己拥有的东西。现实生活中，很多人也在重复着孔雀的抱怨。

一个人如果想获得真正的成功和自由，就必须根植于自己的独特个性。忽视自己的个性或故意抹杀自己的个性，终将一事无成。因此，千万不要亦步亦趋地效仿别人，掩饰自己、舍弃自己。在前进的道路上，无论发生了什么事情或者将要发生什么，请记住一点：我们从来不会失去自己作为一个人的价值，没有什么能够拿走它。

懂得欣赏自己是一个人奋发向上、继续努力的无穷动力。常言道：求人不如求己。因此，最简单的让自己快乐起来的方法就是学会自我欣赏，适当地自我宽容、自我鼓励，从点点滴滴的自我完善中获得快乐。欣赏自己的人是自信的人，欣赏自己的人总是带着同样欣赏的目光去欣赏别人，只是欣赏，而不是崇拜或者羡慕。于是，很容易使别人的优点变成自己的优点。欣赏自己的人也是更会学习的人。美国著名的音乐家麦克·约瑟说："你与自己的心交流，要赞美它，让它感到你对它的赏识，那时候它才向你释放灵感。"是的，我们只有欣赏自己，才能充分发挥自己的潜能。与其站在那里眺望别人的背影，不如坐下来静静地想一想自己留下的每一个坚实的脚印，只要努力寻找，就会发现自己的生活中亦有许多值得骄傲的地方。

学会欣赏自己、包容自己，就是要学会欣赏自己的开朗自信、欣赏自己的聪慧大方、欣赏自己的平凡普通、欣赏自己的独一无二。生活中，或许有不少人会值得自己欣赏，但是最应该欣赏的还是自己。

的确，每个人都是独一无二的。这个独特的"自己"既有优点，也有不足。一个人只有充分地自我接纳，懂得欣赏自己、包容自己，才能自信地与人交往、出色地发挥自己的才能和潜力。假如一个人不懂得欣赏自己、包容自己，总是以怀疑的、否定的态度看待自己，就有可能限制甚至扼杀自己的创造力。事实上，在我们的身边因为自卑自怜、自暴自弃等各种心理原因而造成的悲剧事例已经太多，不但给家人造成痛苦，而且给社会造成损失。当然，就更别说怎样赢得别人的欣赏和肯定了。

欣赏自己并不是傲视一切的孤芳自赏，也不是唯我独尊的狂妄不羁。因为它不需要大动干戈的气势，也不需要改头换面，它只属于一种醒悟，一种面对困难时的自信、一种推动自己向挫折挑战的动力。

学会欣赏自己，就是在无人为我们鼓掌的时候，给自己一个鼓励；在无人为我们拭泪的时候，给自己一些安慰；在我们自惭形秽的时候，给自己一片空间、一份自信。然后抖落昨日的疲惫与无奈，抚去昨日的伤痛和泪水，去迎接明天崭新的朝阳……只有学会自我欣赏、自我品评，学会在无人喝彩时能照样前行，而且行得更好，才能肯定自己、相信自己、欣赏自己，让自己体会到属于自己的那份幸福。

学会欣赏自己，你会发现生活是如此美好；学会欣赏自己，你会感受到命运的公正无私；学会欣赏自己，你会体味前进中的幸福快乐；欣赏自己，你会把握好自己的人生；学会欣赏自己，你定会抵达成功的彼岸。

3. 不要拿别人的标准来衡量自己

每个人都是不同的,这注定每个人的人生都将是千差万别的。可是总是有些人,习惯拿别人的标准来衡量自己,看见别人某方面比自己强,就心理不平衡,就嫉妒,进而对自己提出各种苛刻的要求。

当然,我们并不会拿任何人的标准来衡量自己,这些人一定要与自己有一定的联系。比如,你的举重比不上保罗·安德森,掷铅球比不上白利·欧布莱恩,跳舞比不上亚瑟·毛瑞。很显然,这都是事实。但是你大概不会因此产生嫉妒,因为他们和你很遥远,扯不上什么关系。不过,如果你和他们是同行,那就另当别论了。

如果睡在你上铺的和你成绩差不多的兄弟顺利考取了研究生,而你却落榜了;或者小时候与你一起玩耍的哥们儿这几年做生意发了财,而你还在拿着不痛不痒的死工资熬日子……这些事情恐怕就很难让你心平气和了吧,也许你会为了争一口气而再次加入考研大军,也许你会为了像你的小时玩伴一样风光地买车买房,也去下海经商。

你大概很少去考虑,考研到底是不是自己现在的最佳选择,下海经商是不是你所擅长和喜欢的,你只是在拿别人的标准来衡量自己。如果你的尝试成功了则好,一旦失败了,就会严重挫伤你的积极性,甚至变得怨天尤人。

老张在年轻的时候,就在县机关里上班。那时,他和他的一位同学都是从机关的基层干起,可是没过几年,人家就被调到市里去了,后来又一路顺风地到了省里,官是越做越大,人也越来越意气风发。

可是老张呢,他的运气就不那么好了,他在那个位子上一待就是20

年，从年纪轻轻眼看熬到了斑斑白发，却还只是个小小的公务员。他想起和自己同时毕业的那位同学如今已经是省里的领导了，心里就嫉妒得发狂，自己哪方面比他差？想当初在学校的时候，自己门门功课都比他好。再想想俩人天壤之别的今日，老张就极为憋屈，心里就像猫抓一样难受。

有一天下班，他心情不好就去了一家餐馆，一个人在那里喝闷酒。因为人多，有人就坐在了他的对面，看他闷闷不乐，就搭讪问他："看您心情不好，为啥事发愁呢？"

老张一仰头把一杯酒喝了个底朝天，叹了一口气说："你不知道，我这辈子真够倒霉的，我在机关里熬了20年了，如今还在原地踏步。"边说边给自己的酒杯倒满酒，"可是和我一起毕业的同学早就爬到省机关了，你说我怎么这么命苦呢？他有什么能耐？他凭什么就受重用？不就是嘴巴甜一点吗？……"

看着并不比自己优秀的同学到了省里工作，自己却没有丝毫的进步，这使得老张产生了严重的心理不平衡。如果没有他的同学作为参照物，即便不能升官，他也许并不至于如此斤斤计较，心情也不至于如此低落。

拿别人的标准来衡量自己，盲目地改变自己、要求自己，并不能让自己像别人一样成功，多半是东施效颦的结局。

麦克斯·威尔医师在罗斯福执政期间，曾负责为罗斯福夫人的一位朋友做了一个手术。

事后，罗斯福夫人邀请他到白宫去。他在那里过了一夜，据说隔壁就是林肯总统曾经睡过的房间，他为此感到无比荣幸。

那天晚上，他想着隔壁就是总统睡过的房间，根本没有睡意，他开始用白宫的文具和纸张写信给母亲、朋友……

他在心里对自己说:"麦克斯,你真的来到白宫了,这是多少人梦寐以求的事情啊!"

第二天一早起来,他下楼用早餐,总统夫人已经等在那里了。他吃着盘中的炒蛋,心里想着回去以后该如何向自己的家人和朋友描述这个美好的情景。

但是,问题出现了,因为仆人又送来了一托盘的鲑鱼,而他什么都吃,就是从不吃鲑鱼,因此畏惧地对着那些鲑鱼发呆。

罗斯福夫人向麦克斯微笑,指着总统先生说:"他很喜欢吃鲑鱼。"

麦克斯考虑了一下,心想:"我是什么人?怎么能怕鲑鱼?总统都觉得好吃,我就不能觉得很好吃吗?"

于是,他切着鲑鱼,并混着炒蛋一起吃了下去。结果,他从下午开始就浑身不舒服,一直到晚上仍然非常想呕吐。

后来,麦克斯一直思索,这件事有什么意义呢?他在著作《心灵的慧剑》中写下了自己的感想:"很简单,其实我一点也不想吃鲑鱼,而且根本也不必吃,但是我为了附和总统而背叛了自己。虽然这是件小事,很快就过去了,可是换个角度想,这不正是许多人为了成功最常碰到的一种陷阱吗?"

每个人都是独一无二的,不要企图向别人看齐,更不要拿别人的标准来要求自己,那只会适得其反。

玛丽·玛格丽特·麦克布雷刚刚进入广播界的时候,想做一个爱尔兰喜剧演员,结果失败了。后来她发挥了她的本色,做一个从密苏里州来的、很平凡的乡下女孩子,结果成为纽约最受欢迎的广播明星。

金·奥特雷刚出道之时,想要改掉他得克萨斯的乡音,为了使自己像个城里的绅士,便自称为纽约人,结果大家都在背后耻笑他。后来,他开始弹奏五弦琴，唱他的西部歌谣，开始了他那了不起的演艺生涯，成为闻名世界的美国西部歌星之一。

卓别林开始拍电影的时候，那些电影导演都坚持要卓别林学当时非常有名的一个德国喜剧演员，可是卓别林直到创造出一套自己的表演方法之后，才开始成名。

上天并没有创造一个标准人，每个人都是独一无二的。你要敢于保持自己的本色，不必执着于同别人比高低。你只需按自己的样子生活，去寻找属于你自己的成功标准。

4. 婚姻没有完美，接受最合适的爱人

有人说，爱情让人盲目，还有人说，处于恋爱期间的人智商为零，这些话一点都不假。在热恋的人眼里看到的永远是浪漫和甜蜜，即便是缺点在对方的眼中也变成了可爱的地方。你爱的那个人的周身都被某种光环所笼罩，见到他（她）似乎就看到了满世界的阳光，原本的阴霾也会在顿时消散得无影无踪。爱情的力量足够伟大，和相爱的人在一起，困顿不堪的岁月也会变成美好的回忆在彼此的心中沉淀或升华。

但是，不可否认的是，对于正在成长的年轻人来说，眼睛里充盈着粉红色，爱人的一切在心目中早已经成了完美的替身。一旦有一天，当爱情归为现实，当婚姻走进日常的生活，我们才发现原来对方身上有这么多自己无法接受的缺点甚至缺陷。当这种情绪持续地存在，彼此的感情就不可避免地会发生危机。

有一个女孩和一个男孩在众人的祝福中走进了婚姻的殿堂，可是婚后，女孩突然感到生活并不是她想象中的那样美好。两个人还经常因为一点小事就会争吵起来。因此，她经常跑到娘家诉苦，有时候她甚至无法抑制自己的情绪，一边哭泣一边说着丈夫的种种不是。

这天，在她哭完之后，母亲起身拿一支笔和一张白纸，对她说："这样吧，我这儿有一张白纸，一支毛笔，你现在拿着毛笔往白纸上点点，你丈夫有一个缺点，你就在纸上点一个点。"

女儿顺从地接过了毛笔，开始在白纸上点点。她一边哭，一边想着丈夫的缺点，想到之后就狠狠地在白纸上点着。等她点完之后，就把那张纸交给了母亲。母亲又把纸递给她，对她说："女儿，你看这张纸上是什么？"女儿说："黑点啊，这上面全是他的缺点。"母亲又说："你再看看，看看还有什么？"女儿瞪大眼睛重新审视了一番，说："上面除了黑点就是白纸，也没有什么别的东西。"母亲笑了，语重心长地说："对啊，白纸比黑点大得多了，你怎么只看到了黑点呢？你一定是只看他的缺点啦，来，你再数一下他的优点。"女儿停止了哭泣，开始数起丈夫的优点来。她数着数着，脸色慢慢变得舒缓了起来，最后发现丈夫的优点还是比较多的。她心里再也没有了怨气，于是就对母亲说："妈妈，我知道了，谢谢您。"

在婚姻生活中，很多的争执和矛盾都是由于我们只看到了对方的缺点而忽视了对方的优点所引起的。结婚前，爱人在自己的眼中，无论怎么看，都是那么完美无瑕。其实，每个人都背着两个口袋，一个叫作优点，一个叫作缺点，每个人也都习惯把优点放在前面的袋子里，而把缺点放在后面的袋子里。因此，导致只看到对方的缺点而忽视了他（她）的优点，对自己则是只看到了优点，而忽视了缺点。假如我们能够将这两个袋子调换一下位置的话，所看到的就会大不一样了。

我们应该知道，爱的本质是包容。当两个素不相识的人由相爱走向婚姻的时候，就注定了要付出一些牺牲。毕竟，婚姻已经不再是花前月下卿卿我我的唯美浪漫，也不是青涩少年的缠绵与誓言，而是烟火生活中的相濡以沫和相互体谅。婚姻爱情的美丽和可贵，不是誓言的多少和承诺的天荒地老，而是相互包容和理解。

一对夫妻经常相互抱怨对方。丈夫认为自己每天工作非常辛苦，回家后没力气做家务；妻子认为自己每天有做不完的家务活，从早忙到晚，累得要命。于是他们决定互换角色，让对方体验一天对方的生活。

第二天清早醒过来，夫妻角色已经对换了。作为一个"女人"，丈夫早早起床，准备早餐，叫孩子们洗脸刷牙，照管他们吃早餐，然后开车送他们去学校，之后去超市采购。回到家，他又要整理床铺，洗衣服，打扫房间。等干完这些，孩子们放学的时间到了，于是他冲到学校去接孩子们。到家后，他准备好点心和牛奶，监督孩子们做功课。下午四点的时候，他开始准备晚餐。吃完晚饭，他开始洗碗，收拾厨房，然后给孩子们洗澡，给他们讲故事，哄他们上床睡觉。晚上十点，他已经撑不住了，可是屋子还没收拾，衣服还没洗……

妻子一大早到丈夫的公司后，照常先要开例会。会议结束后跟同事一起商议当天的工作安排，回到办公室不停地接打电话，跟客户洽谈。到了午饭时间，顾不上出去吃饭，叫了外卖，一边吃一边工作。下午出去见客户，经过六个小时的磋商，终于谈成了一笔大项目。这时已经是晚上七点，客户要求出去庆祝，喝酒唱歌聊天。晚上回到家已经是凌晨两点了。

这时，丈夫还在客厅等着她。经过这番体验，两人不发一言地拥抱在一起。

在朋友之间，我们常常能做到感恩与报答，这是因为我们珍惜朋友之间的友谊，想让朋友知道他为你做的这些对你很重要。夫妻因为有了一纸婚约，彼此之间就把对方做的任何事情都看成是理所当然的，时间一久，自然会熟视无睹，甚至还会鸡蛋里面挑骨头。

无论男女，他（她）不是必然要比我们聪明、勇敢、勤劳和富有。如果我们不能爱一个人的本来面目，而是爱上我们期待中那个完美的他（她）的话，我们会一直失望，而他（她）也会因为压力过大而沉默和崩溃。

婚姻是一种缘分，需要懂得珍惜。婚前的交往，往往是美丽的伪装，夫妻只有在共同生活时，才会发现彼此的弱点和问题。宽容，是保持婚姻稳定和幸福的基本品德，因为世界没有十全十美的人！

金无足赤，人无完人，这个世界上不存在十全十美的人，也不存在完美无瑕的爱情。20多岁的年轻人，心里承载了太多对完美的期待，然而一份健康的情感不可能脱离现实而存在。如果你爱一个人，绝对不是因为他（她）的完美，那种将爱人的一切都理想化的人，最终免不了吃苦头的遭遇。要想让自己的婚姻变得更加牢固，让家庭变得更加美满幸福，就应该用一种包容的心态去对待对方，用理性的思维去解决双方的矛盾和冲突。要学会用宽广的胸怀去接纳和包容我们的爱人，这样的感情才会持久，这样的婚姻才能更幸福。

5. 接受现实，从现状出发

也许你并不优秀，但只要尽力而为，便有机会在苦难中绽放光芒，拥有灿烂的人生；也许你很懦弱、胆怯，但只要尽力而为，困难并不是无法战胜。"从现状出发，尽力而为"是一座帮你通向幸福美好的桥梁。但有的人，偏偏有桥不走。凡事不求完美，只要尽力而为，就会有一股隐藏在差距之中等待创造未来的神奇力量。正如狄斯累利说的那样："当一个人全心全意追求一个目标，甚至愿意以生命为赌注时，那么他就是所向无敌的。"

　　从前，远方有个王国，国王的年纪大了，他把三个儿子叫到跟前，对他们说："我们王国北方有一座最险峻的山峰，山顶上长着全世界最老、最高、最壮的松树。我将派遣你们独自去攀登那座高峰，从那棵树上摘一根树枝回来，凡是把最棒的树枝拿回来的人，就可以继承我的王位。"

　　第一个王子带着行囊和装备出发了。三个星期后，风尘仆仆地回到王国，带回了一根巨大的树枝。国王似乎很满意，恭喜他完成了任务。

　　接下来轮到第二个王子，他发誓要取回更好的树枝，于是带着帐篷和必需品上路了。第六个星期快结束时，他才终于回来，拖着一枝庞大的松枝，比第一个王子拿回来的大了很多。国王高兴极了。

　　最后，最小的王子收拾行囊朝高山出发。然而他久久没有回来，直到第十四个星期，才传来第三个儿子正在返家路途中的消息。

　　国王算准他到家的时间，命令全国人民聚在一起，等候第三个儿子回来。小王子到达时，全身衣服又脏又破，不仅疲惫不堪，而且连一根小树枝都没带回来。

　　小王子眼里含着羞愧的泪水说："对不起，父亲，我试着去完成你交代我的事，找到那座雄伟的高山，夜以继日地登上最顶端，寻遍了整个山顶，可是发现那里根本就没有树！"

　　国王泪流满面，向幼子温和地说："你是对的，那个山顶上根本没有树，现在，我们王国的一切都是你的了。"

众人不解，便问国王为何要将王位传给这位没能带回树枝的儿子。国王说："他虽然没有带回树枝，但他是我三个儿子中最努力的。当他发现山顶没有树枝的时候，他接受了眼前的现状。接着，他花了好几个星期去寻找我所说的那些树，虽然他最后都没能找到，但他有着作为一个国王应该有的素质。"

只要在生活中永远选择尽力而为，到最后你一定会收获丰硕的果实。或许我们可以假设一下，假如那个最小的儿子最终没能获得王位，但至少他努力了，至少在自己以及很多人心里，他已经是一个成功的人了。

你所展示出的天赐才能，只是虚妄高傲，只有当你凡事尽力而为，才是最好的境界。也许你努力了也永远达不到目标，因为那本就是一个不存在的东西。但是，当你尽力而为之后，就不会给自己的人生留下遗憾。

皮尔从小的理想就是当一名出色的舞蹈演员。可是，因为家境贫寒，父母根本拿不出多余的钱送皮尔上舞蹈学校。于是皮尔的父母不得不将他送去一家缝纫店当学徒工，希望他学一门手艺后能帮家里减轻点经济负担。每天在缝纫店工作10多个小时的皮尔厌恶极了这份工作，不但因为繁重的工作所得的报酬还不够他的生活费和学徒费，更重要的是，他觉得自己是在虚度光阴，他为自己的理想无法实现而非常苦闷。他甚至认为，与其这样痛苦地活着，还不如早早地结束生命。

绝望中的皮尔突然想起了他从小就崇拜的有着"芭蕾音乐之父"美誉的布德里。皮尔觉得只有布德里才能明白他这种为艺术献身的精神。他决定给布德里写一封信，希望布德里能够收下他这个学生。在信的最后，他写道：如果布德里在一个星期内不回他的信，不肯收他这个学生，他便只好为艺术献身，跳河自尽了。

很快，年少轻狂的皮尔收到了布德里的回信。皮尔以为布德里会被他的执着打动，答应收下他这个学生。但是信中却并没有提收他做学生的事。只是讲述自己的人生经历。布德里告诉皮尔，在他小的时候，很想当一名科学家。可是因为当时家境贫穷，父母无法送他上学，他只得跟一个街头艺人过起了卖唱的日子。最后，他说，人生在世，现实与理想总是有一定距离的，人首先要选择生存。只有好好地活下来，才能让理想之星闪闪发光。一个连自己的生命都不珍惜的人，是不配谈艺术的。

布德里的回信让皮尔猛然惊醒。后来，皮尔努力学习缝纫技术，23岁那年，在巴黎他开始了自己的时装事业。很快，他便建立了自己的公司和服装品牌，也就是如今举世闻名的皮尔·卡丹公司。

由于皮尔一心扑在服装设计与经营上，皮尔·卡丹公司发展迅速，皮尔在28岁时就拥有了两百名雇员。他的顾客中很多都是世界名人。如今，皮尔·卡丹品牌不仅拥有服装行业，还有服饰、钟表、眼镜、化妆品，等等，皮尔·卡丹不但成了令人瞩目的亿万富翁，以他的名字命名的产品也遍及全球。

从现状出发，尽力而为，就能问心无愧。不论是工作、学习，还是追寻幸福，我们都要尽力而为。成功了获得欢喜，失败了也不会太过忧伤，因为我们已经尽力。很多人，常常抱怨生活不给他创造机会。殊不知，机会常常都是给那些凡事尽力而为的人。因为，这样的人更容易获得成功。

我们每天都在渴望成功，渴望名利双收。可希望越大，失败后心里的落差也越大。我们可以这样想想：为什么不尽力而为呢？只要凡事尽力而为，就能问心无愧，即使一事无成，也能收获途中乐事。

6. 有一只柠檬，就用它做一杯柠檬水

你痛苦过吗？答案是肯定的，痛苦往往给了我们很多警示。小时候，一次不小心打翻了水瓶，烫伤了自己，从此知道了开水可不是好玩的；上学时，因顶撞老师而受到重罚，从此懂得了，要想别人尊重你首先要学会尊重别人；工作时，因自己的过失给公司造成重大损失而被炒鱿鱼，从此明白了，机会永远是留给准备充分的人。痛苦并不可怕，可怕的是为这些遗憾而难过。

德国哲学家尼采曾经说过："不仅要在必要的情况下忍受一切痛苦，而且还要喜爱一切痛苦，因为痛苦是人生前进的动力。"我们的人生始终与痛苦相伴，因为有了痛苦这样最好的老师，我们才会从一个懦弱者变成一个坚强者。坚强者把痛苦当作动力，去寻找快乐的彼岸；而懦弱者会在抱怨痛苦的深渊中沉沦，从此与快乐绝缘。

许多伟大的成功者的人生中都铭刻着"痛苦"两个字。他们之中有非常多的人之所以成功，是因为他们在此之前就遭遇到巨大的痛苦，促使他们加倍地努力而得到更多的报偿。正如威廉·詹姆斯所说的："我们的痛苦对我们是一种持久的帮助。"

如果你是个有梦想的人，而且你已经踏上了追求之途，那你就学着去体验痛苦。你也许会说："我再不需要痛苦，我体验的痛苦已经够多的了。"

在你的人生之途中，你要试着去做不幸者的朋友，打开你的视野，让你渺小的心灵深深懂得他人的痛苦是多种多样的，在你这种痛苦之外有着千百种痛苦。有疾病的痛苦，有衰老的痛苦，有失去孩子的痛苦，有失去母亲的痛苦，有失败的痛苦，有被朋友出卖的痛苦，有孤

独的痛苦，有无人诉说的痛苦……

当你渐渐领略了许多种痛苦后，你要有一条清晰的思路，你不能被这些痛苦所吓倒，你要懂得痛苦是快乐的源泉，是推动你前进的人生动力。

在美国，"钻石大王"彼得森和他的"特色戒指公司"几乎无人不知，无人不晓。彼得森从16岁给珠宝商当学徒开始，白手起家，经历了令人难以想象的艰辛，最后一跃而成为享誉世界的"钻石大王"。

1908年，亨利·彼得森生于伦敦一个犹太人家庭。幼年时父亲便撒手人寰，家庭生活的重担落在了母亲柔弱的肩上。迫于生计，母亲偕彼得森移居纽约谋生。在他14岁时，作为他生活支撑的母亲也因劳累过度一病不起，亨利不得不结束半工半读的学习生涯，到社会上做工赚钱，肩负起家庭生活的沉重负担。

当亨利·彼得森16岁的时候，他来到纽约一家小有名气的珠宝店当学徒。这家珠宝店的老板是犹太人卡辛，是纽约最好的珠宝工匠之一。作为一个珠宝商，他在纽约上层社会的达官贵人和公子小姐中颇有声誉，他们对卡辛的名字就像对好莱坞电影明星一样熟悉。卡辛手艺超群，凡经过他亲手镶嵌的首饰都能赢得人们的赞誉并卖到很高的价钱。

但是卡辛作为珠宝店的老板，又是一个目中无人、言语刻薄的暴君，他对学徒的严厉简直到了暴虐的程度，珠宝店的学徒在他面前无不蹑手蹑脚、谨慎从事，唯恐自己的疏忽和过错惹怒了这个六亲不认的老板。

对于珠宝尤其是钻石的生产而言，最艰苦、最难以掌握的基本功莫过于凿石头。

亨利上班第一天，卡辛给他安排的任务就是练习凿石头，开始了他炼狱般的学徒生涯。根据卡辛的"教诲",一块拳头大小的石头,要求用手锤和斧子打成10块尺寸相同的小石块,并规定不干完不许吃饭。亨利从没有干过这种活儿,看着这一块石头发呆良久,不知如何下手,唯恐一不小心招来老板的训斥和挖苦。但是他别无选择,只得硬着头皮干。他先把大石头劈成10小块,然后以10块中最小的那块为标准,慢慢雕琢其他9块。虽说石头质地不是特别坚硬,但是层次非常分明,稍不小心就会把石头凿下一大块而前功尽弃,并招来老板的呵斥。

后来据亨利·彼得森讲,尽管老板非常苛刻,但也是为了让他们早日掌握打造石头的要领,因为对于钻石生产而言,打造石头是容不得半点含糊的基本功。老板也是借此来考验学徒们的意志,因为如果过不了这一关,是永远也不能成为成功的钻石商人的。学徒第一天下来,亨利腰酸背痛,四肢发软,眼睛发胀,但依然没能完成老板的任务。

以后的数天里,他简直变成了一台麻木的机器在那里机械地运转,整日挥汗如雨地在那里劈凿。但是后来成就了事业的亨利·彼得森对于卡辛还是充满了感激之情,他说如果没有卡辛的严格要求,自己绝对不会成为一个成功的"钻石大王"。

母亲看着孩子日渐消瘦的面容和血迹斑斑的双手,实在不忍心让孩子受这种委屈与折磨。但她知道对于穷人家的孩子,除了靠吃苦谋生外别无选择。在母亲的感召下,亨利也别无选择,并且在心里燃烧起强烈的成功欲望。他相信自己受一些苦难与委屈,将最终使自己学到这门手艺。

万事开头难,自己支摊也不是件容易的事。虽然要求不高,只要有一张工作台就可以了,但是在房租昂贵的纽约找一块地方又谈何容易?关键时刻,还是有着互助意识的犹太同胞帮了他的忙。他就是彼得森在珠宝店里当学徒时认识的犹太技工詹姆。

詹姆与他人合资在纽约附近开了一个小珠宝店。彼得森去找他想办法，詹姆他们的小珠宝店很小，约有12平方米，已经摆放了两张工作台。詹姆很热心，看他处境艰难，允许他在这个店里再摆一张工作台，每月只收10美元租金。

工作台得到了解决，但是身无分文的彼得森无力预付房租，必须找到活儿干，否则仍然无法生存。

到了第23天，他终于揽到了一笔生意，一个贵妇人有一只两克拉的钻石戒指松动了，需要坚固一下，她在拿出戒指前郑重地问彼得森跟谁学的手艺，当得知面前这个首饰匠是卡辛的徒弟时，她就放心地把戒指交给了他。这对彼得森来说是一个重大发现，想不到卡辛的名字在这些有钱人中有如此分量，他马上想到借助卡辛的名气揽生意。也正是从此开始，他深刻地意识到了声誉的重要性。

尽管自己和师傅之间有一段无法说清的恩怨，但是他从心里还是对老师心存感激。彼得森靠着"卡辛的徒弟"这块招牌干了两三个月，生意不错。这时，西州的一家戒指厂的生产线出了问题，急需一个有经验的工匠做装配。

在听说彼得森的名气后，这家戒指厂商慕名请他去负责，他愉快地接受了这一工作。有很多人慕名来找他加工首饰，他都一一热情接待，把业余时间都用在加工首饰上。当然，他每星期的收入也开始明显增多，有时可赚到170多美元。这样，他一边在工厂工作，一边加工首饰，终于在经济大萧条的年代里渡过了失业难关，生活也得到了极大的改善。

在生活中，不论你处在何种环境中，你每天都会碰到一些人，你对他们怎样呢？你是否只是望望他们？还是会试着去了解他们的痛苦？比方说一位邮差，他每年要走很多路，才能把信送到你的门口，这是不是一种疲于奔命的痛苦呢？比方说一位街角的乞丐，他望着你的目光和破旧的衣裳于他而言是不是一种痛苦？大街上向你迎面走过来的人满脸憔悴，他究竟又有着怎样痛苦的故事？如果学会了克服痛苦的方法，就能把这些痛苦转化成人生中的一种快乐。

如果你正处于无法忍受的痛苦之中，那么就请记住这句话："如果有一只柠檬，就用它做一杯柠檬水。"你会因为这杯柠檬水快乐，从而获得更多的幸福。

7. 学会享受人生的羁绊

很多时候，我们都喜欢假设，假设自己非常漂亮、身材又好，假设当初能再坚持一下，假设我嫁给了爱我的人而不是我爱的人，假设第一次创业没有失败，等等，如果这些假设都能够成立，那么这个世界一定会变得非常完美，至少是我们认为的圆满。

遗憾的是，人生不过是一张单程车票，所有走过的、经历过的都成为不可更改的事实和历史。如果这些事实是幸运的，带着祝福，带着快乐，我们自然愿意欢欢喜喜地接受。如果是不幸的，带着伤害，带着眼泪，我们的心就会排斥，不愿接受，就会掉进各种假设的陷阱，悔恨、懊恼、失望、自责，直至身心俱疲。无论你愿意接受还是不愿意接受，这就是生活的真相，且无法更改一丝一毫。

一天，森林之王狮子来到天神的面前："我很感谢你赐给我如此雄壮威武的体格、如此强大无比的力气，让我有足够的能力统治这整片森林。但是尽管我的能力再好，每天鸡鸣的时候，我总是会被鸡鸣声给吓醒。神啊！祈求您，再赐给我一种力量，让我不再被鸡鸣声给吓醒吧！"

天神笑道："你去找大象吧，它会给你一个满意的答复的。"

狮子兴冲冲地跑到湖边找大象，还没见到大象，就听到大象跺脚所发出的"砰砰"响声。狮子飞快地跑向大象，却看到大象正气呼呼地直跺脚。狮子问大象："你干吗发这么大的脾气？"大象拼命摇晃着大耳朵，吼着："有只讨厌的小蚊子，总想钻进我的耳朵里，害我都快痒死了。"

狮子离开了大象，心里暗自想着："原来体形这么巨大的大象，还会怕那么瘦小的蚊子，那我还有什么好抱怨的呢？毕竟鸡鸣也不过一天一次，而蚊子却无时无刻不在骚扰着大象。这样想来，我可比他幸运多了。"狮子一边走，一边回头看着仍在跺脚的大象，心想："天神要我来看看大象的情况，应该就是想告诉我，谁都会遇上麻烦事，而他并无法帮助所有人。既然如此，那我只好靠自己了！反正以后只要鸡鸣时，我就当作鸡是在提醒我该起床了，如此一想，鸡鸣声对我还算是有益处呢。"

人生是没有一帆风顺的，因为你的另一半命运是掌握在上帝的手中，它总爱这么捉弄人，洒下不幸和痛苦，但聪明人不恨它，反而感谢它，因为人生在得到金钱、地位、名誉、健康或美貌后，还需要逆境作陪衬，这才算是真正的人生。

有个成语叫"木已成舟"，听到这个词，就会觉得人生有很多无奈，但有些事情是我们不能把握和控制的。既然已是既成事实，我们就不要再为成舟前的那块木头做各种假设，也许在能工巧匠的手下，它可能变成一张典雅而高贵的梳妆台，或者经过不同程序的加工会变成一张张洁白的纸，总之在没有变成舟之前，它的命运有很多种。可是，既已成舟，意味着"放弃"了其他所有可能的命运，只能以舟的形式存在着，就算不喜欢，甚至厌恶，也不能改变。

在我们的生活中，不是经常面临着"木已成舟"的事实吗？比如，我们没有生在经济发达的大城市，高考的时候遭遇了变革，大学所读的专业不是自己喜欢的，毕业后又碰上几百几千人为抢一个饭碗挤破脑袋的局面……也许这都是时代的错，比这更让人难以接受的是，我们的身体天生就不完美。面对这些，有的人在抱怨，抱怨自己没有生在一个更好的时代，抱怨上天对自己是多么的不公平。可是，抱怨的结果又能怎样呢？也只能徒增悲伤和烦恼，或者把自己推向另一个看不到希望的人生沼泽地。

既然木已成舟，再多的抱怨也无济于事，我们就只能接受，接受遭遇的不公，接受生活的真相。就像我们打扑克的时候，无论抓到的是一手好牌还是烂牌，都要想办法，发挥出最高的水平去赢牌。勇于接受生活真相的人，才能成为真正的强者。

经常观看全美职业篮球联赛（NBA）的人都知道，黄蜂队有一位身高仅1.60米的运动员，他就是博格斯——NBA最矮的球星。即便是对普通的男人来说，身高1.60米也是一种缺憾。但是博格斯却接受了自己身材矮小这个无法改变的事实，毫不气馁，自信而努力地在"长人如林"的篮球场上竞技，并且跻身大名鼎鼎的NBA球星之列。

从小就喜爱篮球运动的博格斯，因身材矮小，在一起玩球的伙伴们都瞧不起他。有一天，博格斯很伤心地问妈妈："妈妈，难道我就这样不长个儿了吗？"妈妈鼓励他："孩子，你会长得很高很高，只要你努力你一定会成为大球星。"从此，长高的梦像天上的云在他心里飘动着，每时每刻都在闪烁希望的火花。

博格斯一直苦练球技，虽然身高不如其他队员，但是每次自己所在的队伍总是赢球，博格斯也逐渐成了球队的明星。"业余球星"根本不是自己的篮球理想，博格斯的野心更大了，他想进入NBA，但是将面临更严峻的考验——1.60米的身高能打好职业赛吗？博格斯横下一条心，个儿矮也能闯天下。"别人说我矮，反而成了我的动力，我偏要证明矮个子也能做大事情。"

博格斯在威克·福莱斯特大学和华盛顿子弹队的赛场上，收走了从下方来的90%的球。博格斯简直就是个"地滚虎"，他飞速地低运球过人……后来，博格斯进入了夏洛特黄蜂队（当时名列NBA第三），在他的一份技术分析表上写着：投篮命中率50%，罚球命中率90%。

博格斯能以1.60米的身高名扬NBA不是靠侥幸或者运气，而是个人的努力和实力。当年博格斯与2.29米的"竹竿"肖恩·布莱德利并肩而立，高度的反差形成鲜明的对比，这成为NBA的宣传海报素材，就是要告诉所有热爱篮球的年轻人：来NBA，只要你有真本事，不管身高多少都能站住脚。当然，随后的岁月证明了这张海报的预言仅仅对了一半：博格斯成功地撰写了NBA的历史，布莱德利却没有混出什么名堂。

不要抱怨上天给予自己的不够多，也不要抱怨自己的命运是如何的坎坷，很多有所成就的人，比如霍金、贝多芬、海伦·凯勒，并不是因为上天多么垂青他们，而是因为他们勇于接受事实，接受生活的真相。

有人说，不幸是催生美好的力量。没错，如果曹雪芹没有经历颠沛流离、人生失意的挫折，我们能阅读到那不朽的《红楼梦》吗？如果李白真的官场得意、平步青云，他还能吟出千古传诵的浪漫诗篇吗？

遭遇不幸，更多的人会拿假设来慰藉自己，这本无可厚非，但若是沉溺其中，这些假设就会成为心灵的枷锁，束缚你追求成功的力量。所有发生的事情，都是注定无法改变的真相。你若想否认这些事实，其实就是在否定自己。我们要学会接受真相，不和过去的任何事情较劲，才有精力去"改造"不尽如人意的命运。

有人说过：人生因为遗憾而美丽！如果我们不能把不幸看作是上天给我们的另一种恩宠，那么不妨就试着让自己接受。人生时有不如意，一味地抱怨生活，天空永远布满阴霾，学会接受，天空才会是一片艳阳天。

8. 爱上自己的不完美

你有没有过这样的感受？清晨，当你站在镜子前面，仔细端详着自己的脸庞，一会儿觉得自己的眼睛小了一点，一会儿又觉得鼻子不够挺拔；你觉得脸上的毛孔太过粗大，甚至还长了几颗小痘痘，你觉得自己的脸庞不够小巧，嘴唇不够性感，身材不够迷人……

相信不少人有过这样的想法，总认为自己不完美、处处不如人，于是自惭形秽、悲观失望，乃至自卑自怜、自暴自弃，不能够从容地与人交往，更不能出色地发挥自己的才华。

实际上，每个人都有自己的优势，同样地也不可避免地有自己的不足，但是这并不能够成为我们失意的借口。正如美国总统罗斯福的夫人艾莉诺·罗斯福所说："没有你的同意，谁都无法自卑。"如果你想掌握人生主动权，那么当你对自己有不满、失意感和自卑时，请静下心来认真地检视自己，找到自己的价值所在，并且学会对自己说："我已经够好了！"

伊笛丝·阿雷德从小就特别敏感而腼腆，她的身体一直太胖，脸又圆，使她看起来比实际还胖得多。伊笛丝的母亲很古板，她总是对伊笛丝说："宽衣好穿，窄衣易破。"而母亲总照这句话来帮伊笛丝做衣服。所以，伊笛丝一直很自卑，从来不和其他的孩子一起做室外活动，甚至不上体育课。她非常害羞，觉得自己和其他的人都"不一样"，完全不讨人喜欢。

长大之后，伊笛丝嫁给了一个比她大好几岁的男人，她丈夫一家人都很好，也充满了自信，可这并没有改变她害羞的性格。尽管伊笛丝做了最大的努力要像他们一样，可是她还是做不到。伊笛丝变得更加紧张不安，躲开了所有的朋友，情形坏到她甚至怕听到门铃响。

伊笛丝心里深深知道自己是一个失败者，又怕她的丈夫会发现这一点，所以每次他们出现在公共场合的时候，她只能假装很开心。事后，伊笛丝又会为这个难过好几天。最后她甚至觉得再活下去已经没有什么意义了，开始想自杀。

有一天，她的婆婆正在谈她怎么教育她的几个孩子，她说："不管事情怎么样，我总会要求他们保持本色。"

"保持本色！"就是这句话，刹那间，伊笛丝发现了自己苦恼不开心的原因，就是因为她一直喜欢自己原来的样子。从此，伊笛丝开始过本色的生活，她试着研究自己的个性，自己的优点，尽她所能去学色彩和服饰知识，尽量以适合她的方式去穿衣服，还主动交朋友。她参加了一个社团组织，组织人要她参加活动，刚开始她还是很害怕。但是，慢慢地，她的勇气不断增加，自信也不断增加，她获得了期望已久的快乐，她越来越喜欢自己了。

在现代社会中，对自己要求苛刻、追求完美的人绝对不在少数，由于对自己苛刻，很自然地也会对别人要求严格。要知道世间万物皆有缺憾，万事不可求全，接受自己，不仅接受自己的优点，也要接受自己的缺点，因为这才是真正的自己。对自己的缺点斤斤计较只会让自己陷入无穷无尽的烦恼之中。

时常对自己说："我已经够好了"，这实际上就是对自己的尊重与认可，也是成就自己的前提条件。用自信做后盾，学会自我拯救和自我完善永远是最重要的，也是赢得别人欣赏的方式。

回想一下，你没有高大的身材，但有渊博的学问也能让你看起来更高大；你没有美丽的容颜，可是有动人的声音，同样可以让你受到瞩目；你不擅长演讲，但你很善于倾听，后者同样是一种让人喜欢的好习惯……

由此可见，你其实也是有优点的，你已经够好了。

这样做了之后，对待生活和工作你便更能面带笑容、神采奕奕、朝气蓬勃、信心百倍，脸上永远泛着自信的光芒，并且能够用热情感染周围的人，扫去别人脸上的阴霾，化解别人心中的苦闷。

对自己说已经够好了，似乎会被不少人认为是自以为是、孤芳自赏。其实不然，这能让我们更加清楚地认识自己的优点、肯定自己的价值。一个有价值又有自信的人怎么会被失意打败呢？每天信心十足地生活有何不好。

对于喜欢体操的人来说，很少有人不知道那个金发、美颈、长腿的她，无可挑剔的容貌加之举手投足间的贵族气质，能给体操注入不同寻常的东西，散发出成熟女性的美，俄罗斯的体操皇后霍尔金娜是体操界少有的奇才。她获得过1996年亚特兰大奥运会女子高低杠体操冠军，2000年悉尼奥运会女子高低杠体操冠军。1995—2003年，共夺得10枚世锦赛金牌。还夺得过三次欧锦赛全能冠军，连续五次夺得欧锦赛高低杠冠军。

雅典奥运会，25岁的她带着奥运会三连冠的梦想而来。可惜，在一个跳转动作后她出现了抓杠失误，坚持片刻后还是掉下了器械，最后她只获得了8.925分。金牌拱手让人，霍尔金娜悲情谢幕。

然而，如一只高傲的天鹅般的霍尔金娜，一向有自己与众不同的做派：赛前，她从来不热身；赛后，她也拒绝承认失败。在自由体操场地上完成最后一个动作后，她就走到台下，不屑观看对手最后一轮的比赛。等她再出现在人们的眼前，傲然的她一边展开一面俄罗斯国旗，一边向观众招手致意，俨然一派冠军风度。这时，全场的观众都起身鼓掌，他们的掌声献给的不是冠军，而是美丽的冰美人霍尔金娜。

"我依然是奥运冠军，大家都还会记得我在亚特兰大和悉尼的表现。"霍尔金娜的潇洒和在她旁边为她失去金牌而默默流泪的队友形成了鲜明的对比。

霍尔金娜就是这么自信，她说，在她的字典里，没有什么偶像。她的偶像就是她自己。所以，在霍尔金娜的人生中，她永远是自己的冠军，永远不会对自己失去信心。

每个人都在出演自己人生当中的主角，而每个人的一生都是一场独一无二的电视剧。在这场以人生为背景的戏里，你的角色、戏份没有人能够取代，因为真正的偶像是你自己。

活着的意义不是追求成功，而是一种活着的体验。那么就让我们在活着的时候好好享受活着的一切，包括我们生活中的不完美，学会享受那些许的残缺之美。

在我们生命中有很多的不完美，但正是这些不完美才让我们成为了自己。

与其痛苦地挣扎在对与错的边缘，还不如稳稳地坐在矛盾、隐晦中，好好享受错误中的喜悦。

如果我们完全追求绝对的完美，那么我们内在的空间将会变得渺小，永远都不要对自己说如果我那样做就会怎样怎样，心告诉我这样做那我就这样做，结果是什么只能顺其自然。

不用去羡慕、想成为那个看似完美的别人，他是他，我是我，他永远都做不了我，我也永远都做不了他，还是好好爱自己，爱上不完美的自己，爱上自己的不完美。

第五章

坚持自我，
不要成为"别人嘴里"的牺牲品

1. 尽早知道自己想要什么

套用英特尔公司前总裁格鲁夫的话——人生最奢侈的事就是做你想做的事,那么人生最奢侈的生活就是过上自己想要的生活。

一位名叫希瓦勒的乡村邮递员,每天徒步奔走在各个村庄之间。有一天,他在崎岖的山路上被一块石头绊倒了。

他发现,绊倒他的那块石头样子十分奇特,他拾起那块石头,左看右看,有些爱不释手了。

于是,他把那块石头放进自己的邮包里。村子里的人看到他的邮包里除信件之外,还有一块沉重的石头,都感到很奇怪,便好意地对他说:"把它扔了吧,你还要走那么多路,这可是一个不小的负担。"

他取出那块石头,炫耀地说:"你们看,有谁见过这样美丽的石头?"

人们都笑了:"这样的石头山上到处都是,够你捡一辈子。"

回到家里,他突然产生一个念头,如果用这些美丽的石头建造一座城堡,那将是多么美丽啊!

于是,他每天在送信的途中都会找几块好看的石头。不久,他便收集了一大堆,但建造城堡的话数量还远远不够。

于是,他开始推着独轮车送信,只要发现中意的石头,就会装上独轮车。

此后,他再也没有过上一天悠闲的日子,白天他是一个邮差和运输石头的苦力,晚上他又是一个建筑师。他按照自己天马行空的想象来构造自己的城堡。

所有人都感到不可思议,认为他的大脑出了问题。

20多年以后,在他偏僻的住处,出现了许多错落有致的城堡,有清真寺式的、有印度神教式的、有基督教式的……当地人都知道有这样一个性格偏执、沉默不语的邮差,在干一些如同小孩建筑沙堡的游戏。

1905年,美国波士顿一家报社的记者偶然发现了这群城堡,这里的风景和城堡的建造格局令他慨叹不已,为此写了一篇介绍希瓦勒的文章。文章刊出后,希瓦勒迅速成为新闻人物。许多人都慕名前来参观,连当时最有声望的大师级人物毕加索也专程参观了他的建筑。

在城堡的石块上,希瓦勒当年刻下的一些话还清晰可见,有一句就刻在入口处的一块石头上:"我想知道一块有了愿望的石头能走多远。"

据说,这就是那块当年绊倒希瓦勒的第一块石头。

其实有了愿望的不是石头,而是我们的内心有了一股强大的信念,这个信念就是"做你想做的事情",许多人之所以不平凡,是因为他们能够清醒地认识到一点:自己想过什么生活,想要什么样的人生。想做什么样的事,当他们有了这个信念后,任何苦难都是微不足道的。

从小学开始,我们就被老师和家长逼迫树立自己的理想。写作文的时候,我们会敷衍地写出"医生""律师""科学家"之类的空头名号。在不清楚职业内容的情况下,何谈"想要什么"?

高中毕业,选择专业,进入大学就读,顺利毕业,找到工作。大多数人的生活轨迹都是这样平平稳稳,无惊无喜的。恍然有一天,疑惑自己到底在做什么,自己到底想要的是什么?很多人头痛难忍,想不清楚,然后用"反正几乎所有的人也都是这样活着,不知道自己要的是什么,找不到生活的方向,我还不是照样活着"的话来安慰自己。如果问他们"你真正想要的是什么",他们或许会反问"我为什么一定要知道这个问题的答案"?

我们不断地在不同的演讲、励志书籍中听到、看到"做你真正想做的事"这句话，听得耳朵都出茧子了，但是，真正能做到的有几人？

有时候并非是障碍让我们无法随心所欲，而是我们根本不清楚自己想做什么！太多的人不敢问，因为害怕失望而不敢提出疑问，心存侥幸得过且过。

史蒂夫·乔布斯在斯坦福大学的演讲中，谈到我们曾经听过无数遍的忠告：你必须找到你自己真正喜欢的东西，在工作上是这样，在爱人上也是这样。工作会占据你生命的一半，真正满足自己的唯一方法就是做你认为值得的工作，而能让你觉得自己的工作伟大的唯一方法，就是喜欢你正在做的事。

那么，问题自然地出来了，我们如何才能尽早知道自己想要什么。这是一个很大的问题。让我们沮丧的是，我们总是听到别人告诫自己一定要做自己喜欢的事，但是从未一步一步教会我们如何找到自己喜欢做的事。

为什么有这么多人在寻找自己喜欢做什么的时候遇到困难呢？因为他们从未真正审视自己。在生活和工作节奏这么快的现代社会，花时间和自己在一起，似乎成了无所事事的标记。人们总是通过持续地做某件事情，不管是玩游戏、和朋友一起聚会，还是参加各种职业培训班等来证明自己的存在。做这些事本身没有任何问题，但是却让人怀疑大多数人都有着"我每分钟都要做一件事情，因为我不能跟自己独处"的心态。人们想尽办法充实自己生活的每一个角落，但现实却恰恰相反，人们越忙碌越不知道自己要什么。

现在，让我们开始吧。

第一步：对自己说，你一定会找到答案。

给自己肯定的心态，你可以找到答案。这个过程会花费很长的时间，但没有关系。确定感可以帮助你逐步获得"反自我放弃"的身体机制，避免在寻找答案的过程中，因失望而放弃。

第二步：列出自己的愿望清单和技能清单。

不要觉得你可以在自己的头脑里做这一切，拿张纸，写下来。列出每一个你想得到的兴趣和每一种哪怕微不足道的技能。也可以想想自己对什么不感兴趣，然后写下对应面。或许你会发现技能和兴趣的重合，将那些记下来，用于第三步。

第三步：留出一些真正独处的时间，集中精神，通过问自己正确的问题来描绘自己想要做的事。

人们留出时间听音乐、烹饪、看电影、读书，但对关乎未来的事情，从来不曾留下任何时间，这让人很惊奇。在独处的时候，你必须问自己一个十分清楚的问题，清楚在这里是关键，问题越清楚，答案也就会越简单。不要一上来就问自己"我喜欢做什么？"这样的问题太宽泛，让我们把它变窄点，尝试着问自己：

我在日常生活中喜欢什么，能够同时利用我的能力和兴趣，为自己和别人创造价值？

这种价值是通过什么方式创造的？

这种价值创造如何与事业结合在一起，通过什么方式赚钱？

即便某个答案看起来很荒谬，也请你写下来。写下你所有的答案，仔细浏览，你会发现，你写下答案并且看着它们，这会驱使你萌生想写新答案的念头，可能让你注意到以前不曾关注的领域和答案，你会为你所写的东西而感到惊奇。你会知道，你想要的到底是什么，是你正在努力的，还是你曾经放弃的。

2. 自己拿主意，不要被别人所左右

做人最可贵的事情莫过于坚持自己的看法，而不是盲目从众，以致在别人的观点里迷失了自己的人生路。

美国著名女演员索尼亚·斯米茨的童年是在加拿大渥太华郊外的一个奶牛场里度过的。

当时她在农场附近的一所小学里读书。有一天她回家后很委屈地哭了，父亲就问原因。她断断续续地说："班里一个女生说我长得很丑，还说我跑步的姿势难看。"父亲听后，只是微笑。忽然他说："我能摸得着咱家的天花板。"正在哭泣的索尼亚听后觉得很惊奇，不知父亲想说什么，就反问："你说什么？"

父亲又重复了一遍："我能摸得着咱家的天花板。"

索尼亚忘记了哭泣，仰头看看天花板。将近4米高的天花板，父亲能摸得到她怎么也不相信。父亲笑笑，得意地说："不信吧，那你也别信那女孩的话，因为有些人说的并不是事实！"

索尼亚就这样明白了，不能太在意别人说什么，要自己拿主意！

她在二十四五岁的时候，已是个颇有名气的演员了。有一次，她要去参加一个集会，但经纪人告诉她，因为天气不好，只有很少人参加这次集会，会场的气氛有些冷淡。经纪人的意思是，索尼亚刚出名，应该把时间花在一些大型的活动上，以增加自身的名气。索尼亚坚持要参加这个集会，因为她在报刊上承诺过要去参加，"我一定要兑现诺言"。结果，那次在雨中的集会，因为有了索尼亚的参加，广场上的人越来越多，她的名气和人气因此骤升。

后来，她又自己做主，离开加拿大去美国演戏，从而闻名世界。

自己拿主意，当然并不是一意孤行、孤芳自赏，而是忠于自己，相信自己，不轻易被别人的思想所左右。但是生活中，人人都难免有从众心理，常常会顾及面子而随顺他人的思想和认知，从而失去了独立的判断，处处受制于人。这真是一种莫大的悲哀，作为一个人，我们要有自己的主见，不可盲目地追随别人。

曾有一个小丑，一直很快乐地生活着。但渐渐地有些流言传到了他的耳朵里，说他被公认为是个极其愚蠢的、非常鄙俗的家伙。小丑很难堪，开始忧郁地想：怎样才能制止那些讨厌的流言呢？

一个突然的想法使他的脑袋瓜开了窍。于是，他一点也不拖延地把他的想法付诸实行。

他在街上碰见了一个熟人，那熟人夸奖起一位著名的色彩画家。"得了吧！"小丑提高声音说道，"这位色彩画家早已经不行啦……您还不知道这个吗？我真没想到您会这样……您是个落伍的人啦！"那个熟人感到吃惊，并立刻同意了小丑的说法。

"今天我读完了一本多么好的书啊！"另一个熟人告诉他说。

"得了吧！"小丑提高声音说道。"您怎么不害羞？这本书一点意思也没有，大家老早就已经不看这本书了。您还不知道这个？您是个落伍的人啦！"

这个熟人也感到吃惊，也同意了小丑的说法。

"我的朋友杰克真是个非常好的人啊！"第三个熟人告诉小丑说，"他是个真正高尚的人！"

"得了吧！"小丑提高声音说道，"杰克明明是个下流东西。他侵占过所有亲戚的东西。谁还不知道这个呢？您是个落伍的人啦！"

第三个熟人同样感到吃惊,也同意了小丑的说法,并且不再同杰克来往。总之,人们在小丑面前无论赞扬谁和赞扬什么,他都一个劲儿地驳斥。

只是有时候,他还以责备的口气补充说道:"您至今还相信权威吗?"

"好一个坏心肠的人!一个好毒辣的家伙!"他的熟人们开始谈论起小丑了,"不过,他的脑袋瓜多么不简单!"

"他的舌头也不简单!"另一些人又补充道,"哦,他简直是个天才!"

最后,一家报纸的出版人,请小丑到他那儿去主持一个评论专栏。

于是,小丑开始批判一切事和一切人,一点也没有改变自己的手法和趾高气扬的神态。

现在,他这个曾经大喊大叫反对过权威的人——自己也成了一个权威了,而年轻人正在崇拜他,而且害怕他。

你一定会说,这些年轻人真的很可怜啊,可怜得有点愚蠢。虽然这个故事有点夸张,但事实上,你有没有想过,有时候,自己也有过类似这些年轻人的行为。比如,在对一件事发表看法的时候,你从来都是附和所谓"权威"人物的观点,而不敢大胆说出自己的想法;再比如,为人处世中你经常按别人的反应,而不是按照自己的意愿行动等。这是不自信的表现,也是虚荣心在作祟,你已经成了上面故事中崇拜小丑的"俗人",丧失了按照自己意愿生活的能力。

当别人对你说"快看这儿!"或"快瞧那儿"的时候,请你不要盲目地追随他们,因为幸福世界就在你的心中。其实,何止是幸福呢,包括做人做事都是这样,你不能在听了别人对自己的看法后,就依着他们的喜好来改变自己,你要按照自己的个性生活,尽情地去展示自己的天性和美丽,而不是盲目地追随别人。

每个人都会在乎别人的看法,但是,任何事物都有一个"度",一旦你让别人的看法代替自己的看法，这就是一个危险的信号了。虽然人都是群居动物，难免有从众心理，但是人生的路还是要靠自己走，一味地人云亦云，被人牵着鼻子走，最后只会迷失自己，得不偿失。

3. 不必追求每个人都满意

活得累，是现代人的普遍感受，这很大程度上是因为追求完美。可是也许你已经发现，不管自己如何努力，行为如何正确，自我反省如何深刻，都永远达不到所有人对自己的要求。世界是这么大，社会是这么复杂，人的思想观点是这么的不同，企求人人一致地赞同一件事，是难乎其难，甚至是不可能的。聪明的人，就应该在此时避重就轻，创造一种心理导向的效应。

每个人都有自己的感觉，都会根据自己的想法来看待世界。所以，不要试图让所有的人都对你满意，否则你将永远也得不到快乐。

父子俩牵着驴进城，半路上有人笑他们："真笨，有驴子不骑！"

父亲便叫儿子骑上驴，走了不久，又有人说："真是不孝的儿子，竟然让自己的父亲走路！"

父亲赶快叫儿子下来，自己骑到驴背上，又有人说："真是狠心的父亲，不怕把孩子累死！"

父亲连忙叫儿子也骑上驴背。谁知又有人说："两人都骑在驴背上，不怕把那瘦驴压死？"

父子俩赶快溜下驴背，把驴子四肢绑起来，用棍子扛着。经过一座桥时，驴子因为不舒服，挣扎了起来，结果掉到河里淹死了！

很多人做人做事就像这故事中的父亲，人家叫他怎么做，他就怎么做；谁抗议，就听谁的！结果呢？大家都有意见，而且大家都不满意。

一个人想面面俱到，不得罪任何人，又想讨好每一个人，那是绝对不可能的！因为在做人方面，你不可能顾到每个人的面子和利益，你认为顾到了，别人却不这么认为，甚至根本不领情的也大有人在。在做事方面，你也不可能顾到每个人的立场，每个人的主观感受和需要都不同，你要让每个人满意，事实上，就是让所有人都不满意！

结果呢？为了面面俱到，反而把自己累坏了，而因为怕对方不满意，还得察言观色，揣摩别人的心思，这多么辛苦啊！

那应该怎么做？做你该做的！也就是说，你认为对的，就不受动摇地去做，参考别人的意见要看意见本身，而不是看别人的脸色。这么做有时确实会让一些人不高兴，但你的不受动摇，却可赢得这些人事后的尊敬，毕竟人还是服膺公理的，除非你的坚持纯属是为了私心！

这么做，会有人称赞你，也会有人骂你，但凡想面面俱到的人，结果是每个人都会嘲笑你——就像故事中的父子！

俗语说：岂能尽如人意，但求无愧我心！就像萝卜白菜各有所爱一样，所以，不要奢望做一个人人都满意的橘子，那是不可能的事情！

有一个被人广为称颂的事例：某一位诗人一次把自己的得意诗作拿到广场上去展览，很自信地对观众说："如果你们认为有败笔，尽可以指出。"到了晚上，诗人的作品上标满了记号，人们挑出了无数他们认为是败笔的地方。诗人非常不甘心，他灵机一动，又写了一首完全相同的诗拿到广场上展出，不同的是他请观众标出诗中的妙处。结果到了晚上，诗人看到所有曾被指责为败笔的地方，如今都换上了赞为妙笔的记号。诗人的结论是:"我发现了一个奥秘,那就是不管我们干什么,只要使一部分人满意就够了,因为在有些人看来是丑恶的东西,在另一些人的眼里,恰恰是美好的。"

诗人的大悟,可以作为我们对是非、诽谤的一种基本态度;而诗人的这种做法,也可以作为我们在一定程度上考虑如何减轻是非、诽谤这个问题的基本出发点。

心理学家指出,如果给两组完全相同的人,一组人像下写"残暴""凶恶""狠毒"一类的词,一组人像下写"果敢""勇毅""顽强"一类的词,请两组测试者对人像作职业估计,那么前一组人像很可能就被猜为罪犯,而后一组人像就可能被猜为军人。就像人们往往把银幕上、球场上的明星作为偶像,把表演中的人当作生活中真实的人一样。人类的内心有一种很强烈地接受外界暗示,通过语言、形象的传播媒介树立形象的欲望,它构成了所谓的"心理导向效应"。诗人的"败笔""妙笔"完全相反的两种评价结果,正是基于这种效应产生的。

了解了这一点之后,如果要使自己摆脱困境,减小压力,争取更多的赞同,就可以根据不同的情况采取不同的措施。让每一个人都满意是不可能的,也是没有必要的。

现实生活中我们也常常遇见类似的事情。当某人做了一件善事,引起身边同事们的注意时,会听到截然不同的评论。张三说你做得好,大公无私;李四说你野心勃勃,一心想往上爬;上司赞你有爱心,值得表扬;下属则说你在做个人宣传……总之,各种各样的议论,有的如同飞絮,有的好似利箭,一一迎面扑来。怎么办呢?最好的方法,就是抱着"有则改之,无则加勉"的态度。

事实上,一个人是不可能让所有人都对你满意的,即使已经尽心尽力地做了,还是会有让别人不满意的地方。如果所有的人都对你满意，表示你这个人必定有问题。因为如果做了坏事，好人会骂你；做了好事，坏人会骂你。

至于自己是否有他们所想的那么坏或那么好，只有自己知道。因此，最重要的是要对自己的良心、对自己的努力奉献负责；别人对你的批评、要求，那都是其次的。

如果太在乎别人的赞美，会变得骄傲、得意；太在意别人的批评，会觉得懊恼、无奈，对你或是对事情都会有不好的影响。所以，最好的方法应该是：随时保持心的平静，把事做好。

不要对自己太苛刻，工作上给自己定一个能达到的目标，只要对得起自己的努力和良心，不要太在意外人对你的评价，否则，遇到挫折就可能导致身心疲惫，万念俱灰。不要为了让周围每一个人都对你满意而处处谨小慎微，不要为了顾及他人的眼光而改变自己的言行，不要为了让所有人满意而委屈了自己，我行我素在必要时还是需要的。

4. 选择自己喜欢的，而不是别人满意的

当你自己看中了一件衣服，而身边的朋友却都说不好看，那么你多半不会力排众议，下决心购买的。因为你不想穿一件大家认为很难看的衣服，你会想既然别人都说不好看，那一定是真的不好看。不仅仅是在选择衣服上，在其他诸如选择工作、爱人等很多方面，我们都会犯这个毛病。结果常常是按别人的标准做了选择，却忽略了自己内心的真正感受。

社会生活就是一出戏，每个人都扮演其中一个角色。扮演者的行

为举止应和角色相符。但他们往往做不到,因为他们常常会遭到排斥,受到旁人的讥笑。你可能并不乐意扮演你所分配到的角色,剧组又不同意你更换,你应该意识到你有离开剧组、选择另一出戏的自由。

孙洋原来是某公司销售部的职员,销售这份工作很有挑战性,这正符合他的个性,他也非常喜欢,工作成绩一直不错。结婚后,他的妻子不喜欢他整天东奔西跑的,希望他换个稳定点的工作,他岳父岳母也常常唠叨说:"本科毕业什么工作不好找,偏偏要做什么销售人员,有什么出息,还是找机会换个工作吧。"他本不想换工作,他想在销售这一块做出点成绩。但是经不住亲人的软磨硬泡,他终于答应换个工作了。

在一位朋友的帮助下,孙洋在一家公司当上了总经理助理,妻子家人都为他高兴,不住地称赞他。可是他开始变得不快乐,对自己没有信心,很简单的事情也感觉自己不能胜任。尤其是工作的烦琐更让他头痛,每天上班就像例行公事一样,他不知道自己工作的意义何在,再也找不到当初工作的成就感和愉悦感。于是,他开始不喜欢上班,下了班心情也不好,整个人都变了。

终于有一天,他想明白了,要做自己真正喜欢的工作,否则就会陷入痛苦的泥沼。他毅然辞去了总经理助理的职务,回到了原来的工作岗位上,他马上就恢复了原来的信心和斗志,不久就被提升为销售部经理,人也变得意气风发起来。

是的,在生活中,亲人和朋友出于好意总是会建议你找份好工作,可是工作原无好坏之分,只有是否适合你,别人并不知道你最适合什么样的工作。所以,如果你不能清醒客观地看待自己的天性,盲目地追随他人的想法,最后苦的是自己。

当然,人生中很多事还不像选择工作,选择错了还有重来的机会,也许一生就那么一次机会。如果你要的是金子，你不妨就去捞钱。要不然，你就会总处于失望之中。因此，如有必要，就得准备置身于"角色"之外，这可能会让你不舒服，但人自由了。没有人会接受一个变化无常的人，或一个变来变去又变成老样子的人。

47岁的南希在众人的眼中是一位成功的职业女性，可是她说："虽然我的一些成就让人刮目相看，我却想不透大家夸赞我什么。我这辈子一直都在努力成就这样或那样的事，可是现在我却怀疑'成就'究竟是指什么了。我永远在压力下生活，没有时间结交真正的朋友。就算我有时间也不知道该如何结识朋友了。我一直在用工作来逃避必须解决的个人问题，所以我一个任务接一个任务地去完成，不给自己时间去想一想我为什么要工作。这真是疯狂。假如时间可以退回去10年，我会早一些放慢脚步考虑一下，那就不会像现在这样感觉匮乏了。"

一位作家指出：我们此生不一定要成大名，立大功。可是，我们一定要明白自己的梦想，并把它具体化，使它成为可能，然后去追求它，去实现它。追寻梦想是一种幸福和快乐。你也曾体会过这种幸福和快乐吗？

现实生活中，又有多少人是因为自己喜欢而选择了现在的生活模式，而不是迫于别人的意志去演那个大家喜欢的"角色"？忙的时候就像陀螺，一旦停下来，就会觉得空虚，不知道自己生活的目的是什么，生活就成了为"演戏"而"演戏"，不但没有幸福和快乐，还让人感到痛苦不堪。

所有人都希望自己的生活方式是被大家羡慕的，却忘记了自己是不是真的喜欢。所有的人也都希望自己在生活中扮演的角色是大家喜欢的，却忘记了自己是不是真的喜欢。他们选择了别人喜欢的，而不是自己喜欢的，所以注定要忍受更多的寂寞、痛苦和空虚！

5. 不要在别人给的荣耀里忘乎所以

当一个人获得了某种荣耀的时候，尤其是那种很难得的、经过了自己的不断努力才获得的荣耀，高兴的心情自然不用多描述了。但是当我们手捧着鲜花，听着别人的溢美之词的时候，一定要控制自己高兴的情绪，不能忘乎所以。要知道那些荣耀都是别人给的。

不是有句话说"水能载舟，亦能覆舟"吗？如果你不能冷静地对待，一味地在那份荣耀里耀武扬威，忘乎所以，这样的表现岂不是和范进中举差不多吗？

范进穷一生之力于应举，虽然屡遭挫败，仍寄望甚深，直到54岁才中秀才。后来他打算去应乡试，却被胡屠户奚落，叫他死心，但他宁可让家人挨饿也要再去应考。及至中举，他竟然欢喜得发了疯。如果人人都像范进，得了荣耀就喜得不省人事，那真是太悲哀了。

有这样一个寓言故事：

一只猫在主人给准备好的食物面前美美地饱餐了一顿，顾不上洗脸，鼻子上还沾着奶油，就打了个哈欠，伸了个懒腰，呼呼睡着了。这时一只饥肠辘辘的老鼠，嗅到了奶油的香味，它实在是太饿了，以致都没有看清这正是自己的天敌——猫，莽莽撞撞张开嘴就咬。

"哎哟！"一声惨叫，被疼痛惊醒的猫，一时也没弄清是怎么回事，还以为是主人看自己在睡懒觉而教训自己呢，叫了一声就逃之夭夭了。

消息传开，这位莽撞的老鼠在整个鼠国很快就家喻户晓了，它被同伴们视为无畏的勇士，于是它便成了鼠类的骄傲。

"您为我们出了一口气，以前只有我们见猫逃的份儿，今天竟然是猫逃走了。在我们鼠类历史上还是第一次,您将永垂史册。"鼠国的所有成员都夸奖它说。从此,无论这位鼠英雄走到哪里,哪里都有鲜花和欢呼围绕,还有漂亮的鼠小姐们对它频送秋波,脉脉含情。就这样,这位英雄也慢慢相信自己真的是猫的克星,不知不觉变得趾高气扬起来。

谁知没过多长时间,这只鼠勇士又碰上了那只倒霉的猫,它暗自高兴,这次又可以大显身手了,再给猫一个重创,抓瞎它的眼睛,用更大的胜利赢得更高的荣誉与尊敬。可是它怎么也没料到,自己哪里是猫的对手?这次猫看到它不仅没有逃走,而且主动进攻,要不是它逃得快,命都没了,但是它的尾巴还是被咬掉了半截,身体也受了伤。

这倒霉的消息也不胫而走,又轰动了整个鼠国。这次大家却不是用鲜花和欢呼迎接它,取而代之的却是铺天盖地的咒骂和唾沫:"懦夫!小丑!真是丢脸!"往日的英雄再没有人理睬,别说老鼠姑娘们的青睐,就是走路也得藏着半截尾巴,低着脑袋。

获得荣耀的确是人生的大喜事,但我们不能在这份荣耀里忘乎所以,以致无法驾驭自己的情绪,最后输得一败涂地。

没有自知之明的人,一味地炫耀自己侥幸得到的荣耀,只能得到失败的苦果。对于一些虚无缥缈的东西,哪怕是自己获得的荣誉,也最好放在内心自己欣赏,而绝不可当众夸耀。那些荣誉都是别人给你的,别人既然能给你,也就能够收回。所以,不要在别人给的荣耀里乐得翘尾巴,这不仅是一种缺乏修养的表现,更是处世做人的一大忌讳。

人生要攀登无数个高峰,获得一种荣耀就意味着我们胜利攀登上了一个高峰。但我们不能醉心于赞扬和掌声,沾沾自喜,忘乎所以,以致不能自拔,而是应该把理性的目光投向下一个高峰,去迎接新的挑战!

6. 承认错误是尊重自己

没有人喜欢被指责，哪怕自己犯了错误。所以，当知道自己犯了错的时候，最初的、也是最强烈的反应就是为自己辩护、为自己开脱。而实际上，这种文过饰非的态度会使一个人在人生的轨道上越偏越远。

金无足赤，人无完人。人生在世没有人会不犯错误，有的人甚至还一错再错，既然错误无法避免，那么可怕的不是错误本身，而是不敢承认错误。

承认错误是一种人生智慧，下面这个事例或许会让我们有所启发。

格里·克洛纳里斯在北卡罗来纳州夏洛特市当货物经济人。在他给希尔公司做采购员时，发现自己犯下了一个很大的业务上的错误。有一条对零售采购商至关重要的规则，就是不可以超支你账户上的存款数额。如果你的账户不再有钱，你就不能购进新的商品，直到你重新把账户填满，而这通常要等到下一个采购季节。

那次正常采购完毕之后，一位日本商贩向格里展现了一款极其漂亮的新式手提包。可这时格里的账户已经告急。他知道他应该在早些时候就备下一笔应急款，好抓住这种叫人始料未及的机会。此时他知道自己只有两种选择：要么放弃这笔交易，而这笔交易对希尔公司来说肯定会有利可图；要么向公司主管主动承认自己所犯下的错误，并请求追加拨款。

正当格里坐在办公室里举棋不定时，公司主管碰巧顺路来访。格里当即对他说："我遇到了麻烦，我犯了大错。"他接着解释了所发生的一切。尽管公司主管平时是个非常严厉苛刻的人，但他深为格里的坦诚所感动,很快设法给格里拨来了所需款项。手提包一上市,果然深受顾客欢迎,卖得十分火爆。而格里也从超支账户存款一事中吸取了教训。

这个故事告诉我们:当不小心犯了某种大的错误时,最好的办法是坦率地承认和检讨,并尽可能快地对事情进行补救。只要处理得当,你依然可以赢得别人的信赖。

承认错误是一种人生智慧,只有对错误采取认真分析的态度,才能反败为胜。现实中,许多人为了面子死不认错,认死理,只会让自己一错再错,损失更大的"面子"。由此,一个人要想有面子,就不要怕丢面子。孔子说:"过而不改,是谓过矣。"意思是说,犯了一回错不算什么,错了不知悔改,才是真的错了。

闻过则喜、知过能改,是一种积极向上、积极进取的人生态度。只有当你真正认识到它的积极作用的时候,才能身体力行去聆听别人的善意劝解,才能真正改正自己的缺点和错误,而不至于为了一点面子去忌恨和打击指出自己过错的人。闻过易,闻过则喜不易,能够做到闻过则喜的人,是最能够得到他人帮助的人,当然也是最易成功的人。

在我们犯了错误的时候,总是想得到别人的宽恕,而不是斥责。其实,宽恕是我们的纵容,别人宽恕了我们第一次,我们可能会犯第二次、第三次。我们要学会在犯了错误后坦率地承认,并担负我们该负的责任,而不是怕丢面子,百般辩解,文过饰非。

人非圣贤,孰能无过,知错能改,善莫大焉。发现错误的时候,不要采取消极的逃避态度。而是应该想一想自己应怎样做才能最大限度地弥补过错。只要你能以正确的态度对待它,勇于承担责任,错误不仅不会成为你发展的障碍,反而会成为你向前的推动器,促使你不断地、更快地成长。任何事情都有其两面性,错误也不例外,关键就在于你从什么样的角度去看待它,以怎样的态度去处理它。

孙阳是某化工厂的财务人员。一天，他在做工资表时，给一个请病假的员工定了个全薪，忘了扣除其请假那几天的工资。于是孙阳找到这名员工，告诉他下个月要把多给的钱扣除。但是这名员工说自己手头正紧，请求分期扣除，但这么做的话，孙阳就必须请示老板。

　　孙阳认为，老板知道这件事后一定会非常不高兴的，但这混乱的局面都是自己造成的，他必须负起这个责任，于是他决定去老板那儿认错。

　　当孙阳走进老板的办公室，告诉他自己犯的错误后，没想到老板竟然说这不是他的责任，而是人事部门的错误。孙阳强调这是他的错误，老板又指出这是会计部门的疏忽。当孙阳再次认错时，老板看着孙阳说："好样的，你能在做错事情的时候主动承认错误，不推到别人的身上，这种勇气和决心很好。好了，现在你去把这个问题解决掉吧。"事情就这样解决了。从那以后，老板更加器重孙阳了。

　　如果只是顾全面子，不敢承担责任的话，那最后吃亏的只能是你自己。假如你犯了错并且知道免不了要承担责任，抢先一步承认自己的错误，不失为最好的方法。自己谴责自己总比让别人骂好受得多。虽然有些人认识到了自己的错误，但没有勇气承认，或把犯错归结于别的因素。只有极少数人能够站出来，勇敢地坦白，在他们看来承认错误就意味着要受到责罚，却不知道领导则认为沉默和狡辩正意味着逃脱责任。

　　小刘在一家工厂任技术员。经过几年的实践锻炼，在老同志的帮助下取得了一定的成绩，并且被提拔为车间副主任，负责车间的生产技术工作。

　　有一次，车间的生产线发生了一些问题，产品质量也受到了影响。

他看过之后，便立即断言是原料的配比不合适，认为在投放一家新企业提供的原材料后，原有的配比必须改变。但调整之后，情况仍不见好转。此时，另一位技术人员提出了不同的见解，认为问题的症结并不是新的原料或原料配比不合适，而在于设备本身。对此，小刘心里觉得该技术员的看法很合理，但是，他认为自己是负责全车间技术与工艺的领导，如今自己的判断出现了失误，就必须承担一定的责任。

为了避免责任，他一方面继续坚持自己的看法，另一方面也布置专人对设备进行必要的维修和调整。但是由于贻误了时机，问题最终还是爆发了，给公司造成了巨大损失。小刘在羞愧之中提出了辞职。

喜欢听赞美之言是每个人的天性。忠言逆耳，当有人尤其是和自己平起平坐的同事对着自己狠狠数落一番时，不管那些批评如何正确，大多数人都会感到不舒服，有些人更会拂袖而去，连表面的礼貌也不会做，令提意见的人尴尬万分。这样的结果就是，下一次如果你犯再大的错误，也没有人敢劝告你了。这不仅会让你在错误的路上越滑越远，更是你做人的一大损失。当我们错了，就要及时而真诚地承认。

事实上，一个有勇气承认自己错误的人，他不但可以获得某种程度的满足感，还可以消除罪恶感，有助于弥补这项错误所造成的损失。卡耐基告诉我们，傻瓜也会为自己的错误辩护，但能承认自己错误的人，就会获得他人的尊重。

其实，如果能坦诚面对自己的缺点和错误，拿出足够的勇气去承认它、面对它，不仅能弥补错误所带来的不良后果，而且能加深领导和同事对你的良好印象，从而很痛快地得到原谅。这不但不是"失"，反而是最大的"得"。

如果你总是害怕承认自己曾经犯错，那么，请接受以下的这些建议：

假若你必须向别人交代，与其替自己找借口逃避责难，不如勇于认错,在别人没有机会把你的错到处宣扬之前,对自己的行为负起责任。

(1)如果你在工作上出错,要立即向领导汇报自己的失误,这样当然有可能会被大骂一顿,可是上司的心中却会认为你是一个诚实的人,将来也许会对你更加器重,你所得到的可能比你失去的还多。

(2)如果你所犯的错误可能会影响到其他同事的工作成绩或进度时,无论同事是否已发现这些不利影响,都要赶在同事找你"兴师问罪"之前主动向他道歉、解释。千万不要企图自我辩护,推卸责任,否则只会火上浇油,令对方更感愤怒。

每个人都会犯错误,尤其是当你精神不佳、工作过重、承受太沉重的生活压力时。偶尔不小心犯错是很普通的事情,关键是犯错后要用正确的态度对待它。犯错误不算什么罪大难饶的事,"有则改之,无则加勉",只有放下了面子,不再固守所谓的自尊,人才能坦诚地面对自己,面对别人。

7. 别人的建议要理智对待

人有一个习惯,常常会不自觉地问问别人,自己的衣着、言谈、工作表现等如何。其实,这也是一个潜在的虚荣心的体现。

芸芸众生,苍茫宇宙,我们生而为人,就注定不能孤独存在,更不能按照自己的意志去生活。我们的父母、老师、朋友等,都会关注我们的成长,在很多时候,我们都会得到来自他们的建议。这些建议的初衷也许是好的,但我们在关注这些建议的同时也要客观审视它们,坚决不能为了自己的虚荣心而盲目接受这些建议,因为即便是好的建议，也不一定都适合自己。

我们时常会遇到这样的情况，当我们需要做出一个决定的时候，尤其是在我们取得一些成绩的时候，总是有很多热心的人给我们出主意：张三认为这样会更有发展前途，李四、赵五也忙着附和。这时候，他们的建议非常容易被采纳，因为他们对你的成绩给予了肯定，这在一定程度上满足了你的虚荣心，而且他们的建议从表面上看又确实是为你着想，他们的本意也许都是好的，可是，他们的建议是否可行呢？这就需要你理智地对待，不要盲目接受，否则到最后后悔也来不及了。

有一只兔子，身材很修长，天生就很会"跳跃"，所以它一直有着"跳远第一名"的美誉，为此，它感到无比自豪和光荣。一天，森林里的国王宣布，要举办运动大会，以提倡全民运动。

于是，兔子就报名参加跳远项目。果然兔子又击败了鸡、鸭、鹅、小狗、小猪……夺得了跳远比赛的冠军。

后来，有一只老狗告诉兔子："兔子啊，其实你的天分资质很好，体力也很棒，你只得到跳远一项金牌，实在很可惜。我觉得，只要你好好努力练习，你还可以得到更多比赛的金牌啊！"

"真的啊？你觉得我真的可以吗？"兔子似乎受宠若惊。

"没错啊，只要你好好跟我学，我可以教你跑百米、游泳、举重、跳高、掷铅球、马拉松……你一定没问题啊！"老狗说。

在老狗的怂恿之下，兔子开始每天练习跑百米、早晚也跳下水游泳，游累了，又上岸，开始练举重；隔天，跑完百米，赶快再练跳高，甚至撑着竿子不断往前冲，也想在撑竿跳比赛中夺魁。接着，又掷铅球，也跑马拉松……

第二届运动大会又来了，兔子报了很多项目，可是它跑百米、游泳、举重、跳高、掷铅球、马拉松……没有一项入围，连以前最拿手的跳远，成绩也退步了，在初赛就被淘汰了。

有些人虚荣心本来就很强，再加上别人的怂恿，就以为自己无所不能。既可以当演员，又可以做作家；既可以是演说家，又能当主持人；既可以参选民意代表，又能参与公益活动，更能投资开公司、当老板……最后的结果往往是一事无成，落得竹篮打水一场空的下场。

作为一个具有正常思维的人，谁都不会漠视他人对自己的评价，我们谨言慎行就是不愿意授人以柄。很多时候，他人的议论，他人的观点，他人的态度，都会对我们的心情和行为产生极大的影响。他人的意见往往是我们自己行为的镜子，我们总是在别人的目光中调校着自己的人生坐标。那么是不是校正的结果就一定是好的呢？同理，不校正的结果就一定是坏的吗？

我们再来看一则寓言故事：

一群青蛙在高塔下玩耍，其中一只青蛙建议，"我们一起爬到塔尖上去玩玩吧。"众青蛙都很赞同，于是它们便聚集在一起结伴往塔上爬。爬着爬着，其中聪明者觉得不对，"我们这是干吗呢，这又干渴又劳累的，我们费劲爬它干吗？"大家都觉得它说的不错。于是青蛙们都停下来了，只剩下一只最小的青蛙还在缓慢地坚持着。它不管众青蛙怎样在下面鼓鼓噪噪地嘲笑它傻，就是坚持不停地爬，过了很长时间，它终于爬到了塔尖。这时，众青蛙不再嘲笑它了，而是都很佩服它。等到它下来以后呢，大家更敬佩得不得了。

那么到底是一种什么样的力量支撑着小青蛙爬上去了呢？

答案出乎意外：原来这只小青蛙是个聋子。它当时只看到了所有青蛙都开始行动，但当大家议论的时候它没听见，所以它以为大家都在爬，它就一个人在那儿晃晃悠悠地不停地爬，最后就成了一个奇迹，它爬上去了。

小青蛙听不见众青蛙的议论和嘲笑，也就是说，它没有被群体的意见所左右。然而，假设小青蛙不是聋子，听到别人的议论它还会忍受着干渴和劳累继续往上爬吗？恐怕就不一定了。

这个结果似乎有点让人哑然，但同时也说明了别人的言论力量是多么大，大到足以决定一个人的成败。

生活中，有些人因为时常顾虑到"别人怎么说"，只好一年到头在不知究竟怎样才好的为难紧张之中团团转，怎么也走不出一条路来。这种人，他最大的成就也不过是个不被讨厌的人。别人所给他的最大的敬意，也不过是说他一句圆滑周到而已，而就他自己本身来说，因为他终生被驱策在"别人"的意见之下，一定感到头晕眼花、疲于奔命，把精力全部消耗在应付环境、讨好别人上，以致没有余力去追求自己的梦想。

当然，一个人不应该独断专行，不顾及别人的意见。但我们在听取别人意见之后，一定要经过自己的认定和理解，用足够的理智去辨析。有时候，我们应该坚持自己，而不是过分地关注别人的意见。

8. 命运不在别人嘴里，而在自己手中

美国文明之父——爱默生有句名言："靠自己成功。"这句话影响了每一代美国人，那些原来在英国统治下独立的殖民地国家的人民也在典型的美国个人英雄主义影响下，迅速把这个国家建设成为当今世

界上的超级强国。企业家吉姆·克拉克也给过年轻人忠告:"不要凡事都要依靠别人,在这个世上,最能让你依靠的人是你自己。在大多数情况下,能拯救你的人,也只能是你自己。"

在生命的旅程中,有时候我们难免会陷入各种危机中,而要摆脱这些危机,不要老想着依靠别人,要学会拯救自己。

有一天,某个农夫的一头驴子不小心掉进一口枯井里,农夫绞尽脑汁想办法救驴子,但几个小时过去了,驴子还在井里痛苦地哀号着。最后,这位农夫决定放弃,他想这头驴子年纪大了,不值得大费周折去把它救出来,不过无论如何,这口井还是得填埋起来。

于是农夫便请来左邻右舍帮忙一起将井中的驴子埋了,以免除它的痛苦。农夫的邻居们人手一把铲子,开始将泥土铲进枯井中。

当这头驴子察觉到自己的处境时,刚开始叫得很凄惨。但出人意料的是,一会儿之后驴子就安静下来了。农夫好奇地探头往井底一看,出现在眼前的景象令他大吃一惊:当铲进井里的泥土落在驴子的背部时,驴子的反应令人称奇——它将泥土抖落在一旁,然后站到铲进的泥土堆上面。就这样,驴子将大家铲倒在它身上的泥土全数抖落在井底,然后再站上去。

很快地,这只驴子便得意地上升到井口,然后在众人惊讶的表情中快步地跑开了!

没有人能救得了那头驴子,只有当它放弃悲观与消极,明白只能自我拯救的时候,命运才有可能在山穷水尽之际,给它绝处逢生的惊喜。作为高等动物的人类,对于此番自我拯救理论的理解,也不应该逊于动物的求生本能吧?

诚然,人生在世,总要或多或少地依靠来自自身以外的各种帮助——父母的养育、师长的教诲、朋友的关爱、社会的鼓励……可以说，人从呱呱坠地那一刻起，就已开始接受他人给予的种种帮助。然而，许多年轻人"在家靠父母，出门靠朋友"的"靠"，已经远远超出和大大脱离了一个人需要外部力量帮助这种正常之"靠"，而演变成"唯父母和朋友是靠"的依赖心理，把自己立身于社会的希望完全寄托在父母和朋友的身上。

信奉"在家靠父母"的人，往往是那些生活上不能自理而饭来张口、衣来伸手，或者事业上不能自立而离不开父母权力、地位和金钱支撑的年轻人。这样的年轻人，显然不可能在生活上自立自强、在事业上有所作为的。

我国著名教育家陶行知编的《自立歌》这样说道：滴自己的汗，吃自己的饭。自己的事情，自己干。靠天靠地靠祖上，不算是好汉。不要总是依赖别人，把一切希望都寄托在别人身上，而要依靠自己解决问题。因为每个人都有许多事要做，别人只能帮一时却帮不了一世。所以，靠人不如靠己，最能依靠的人只能是你自己。

在这个世界上，聪明的人并不是很少，而成功的却总是不多。很多聪明人之所以不能成功，就是因为他在已经具备了不少可以帮助他走向成功的条件时，还在期待能有更多一点成功的捷径展现在他面前；而能成功的人，首先就在于他从不苛求条件，而是努力创造条件。

一次聚会上，几个老同学在闲聊，一位事业上颇有成就的朋友，闲聊中谈起了命运。其中一个同学问："这个世界上到底有没有命运？"事业有成的那位说："当然有啊。"同学再问："命运究竟是怎么回事？既然命中注定，那奋斗又有什么用？"他没有直接回答同学的问题，但笑着抓起同学的左手，说要先看看他的手相，帮他算算命，然后讲了一些生命线、爱情线、事业线等诸如此类的话之后，突然，他对那位同学说："把手伸好，照我的样子做一个动作。"他的动作就是：举起左手，慢慢地且越来越紧地握起拳头。末了，他问："握紧了没有？"老同学有些迷惑，答道："握紧啦。"他又问："那些命运线在哪里？"老同学机械地回答："在我的手里呀。"他再追问："请问，命运在哪里？"

那位同学如被当头棒喝，恍然大悟：命运在自己的手里！这位朋友很平静地继续道："不管别人怎么跟你说，不管'算命先生们'如何给你算，记住，命运在自己的手里，而不是在别人的嘴里！这就是命运。"

当然，你再看看你自己的拳头，你还会发现你的生命线有一部分还留在外面，没有被握住，它又能给我们什么启示？命运绝大部分掌握在自己手里，但还有一部分掌握在"上天"手里。古往今来，凡成大业者，"奋斗"的意义就在于用其一生的努力去争取。但是如果你不靠自己去争取，你连这一点的机会都是没有的。

不管什么时候，牢记这句话："只有自己才是最靠得住的。"

第六章

善待自己，
适时放下不必要的固执

1. 犯错后，请学会原谅自己

我们之所以对以前的某个错误耿耿于怀，迟迟不肯原谅自己，多半是因为我们为之付出了一定的代价。可是，不能原谅又能如何？代价不能再收回，但是我们的心情可以回转，也需要回转，因为生活还要继续。

安雅宁进入公司刚刚一年，因为表现优秀，很受领导器重。她也暗下决心一定要做出成绩来。一次，上级领导要她负责一个企划案，为一个重要的会议做准备，还透露说如果这次企划案能赢得客户的认可，她将有可能被调到总公司负责更重要的工作。对安雅宁来说，这是个千载难逢的机会。她非常卖力，每天都熬夜准备这份企划案。

可是，到了会议的那天，安雅宁由于过度紧张，出现了身体不适，脑子一片混乱，甚至没有带全准备好的资料，发言的时候词不达意，几次中断。会议的结果可想而知……

失去了一个这么好的机会，安雅宁为此懊恼不已。之后，由于她的状态一直不好，又有过几次小的失误，她对自己更加不满。以前自信的她，现在忽然觉得自己不适合这个工作，不然为什么老是在关键时刻出错呢？她开始惩罚自己，经常不吃饭，想通了又暴饮暴食，或者拼命地喝酒。

安雅宁的情绪越来越不好，领导找她谈过几次话，宽慰她过去的事情都过去了，人应该向前看。虽然她的情绪渐渐稳定了下来，但是她还是不能原谅自己，没有心情做好手中的事情，以致对工作失去了当初的信心。最后，她不得不递交了辞呈。

很多人在犯错之后，不能原谅自己，甚至憎恨自己，进而影响到现在乃至未来做事的心情。如果憎恨过于强烈，就无法洗心革面，无法看到希望的曙光。不如反过来想一想，错误既然已经犯下了，再惩罚自己有什么用呢？而且你已经为此付出了沉重的代价，为什么还要搭上现在和未来呢？

当我们为曾经的错误付出了沉重的代价后，可不可以原谅自己呢？只有原谅自己，才能重新调整心情，开始新的生活。而那些无法原谅自己，始终对自己的过去耿耿于怀的人，将得不到人生的幸福。

一位女士结婚3年，生下一个又白又胖的小男孩儿，家人皆大欢喜。尤其是一直生活在农村的公公婆婆更是笑得合不拢嘴，买了一大堆东西来看孩子。她当然也是高兴得很，想着一定要养育好孩子，以报答公公婆婆和丈夫。

可是，孩子刚刚满月的一天夜里，之前由于孩子一直哭她未能休息好，好不容易把孩子哄睡，她也很快进入了梦乡。也许是她太累了，睡得太熟了，被子蒙住了孩子的头，她居然没有发现。等她发现的时候，孩子已经停止了呼吸。她顿时号啕大哭，大叫着："是我害死了孩子！是我害死了孩子！"一连几天几夜不吃不喝，就这样大喊大叫，任谁劝都不听。

最后，她疯了，整天抱着孩子的小衣服、小被褥，一会儿哭，一会儿笑，嘴里絮叨着："我有罪，我该死……"

出现这样不幸的事，面对这样的打击，一般人一时确实难以承受。但可怕的事情既然已经发生了，我们也为之付出了惨痛的代价，就应该原谅自己，承认事实，接受事实，总结教训，将自己从过去的痛苦中拯救出来。在神话里,连神灵都可以原谅自己,那么你我这等凡人为什么要和自己过不去呢?

每个人都希望自己的人生道路和事业道路能够一帆风顺,最好不要犯任何错误,其实这一观念是不符合自然规律的,只不过是人们的一厢情愿罢了。"人非圣贤,孰能无过。"无论是在工作中还是生活中,犯错本来就是难以避免的事情。关键不在于你犯的错本身,而在于你犯错之后的反应。

常常听一些人痛苦地说:"我永远无法原谅自己。"可是,不原谅又如何?那等于把自己推入了一个永不见底的深渊,从此再也看不到希望和光明。而世上没有后悔药,谁也不能再改变过去,对自己的责怪只能加深自己的痛苦。

其实犯错本身并不可怕,可怕的是我们失去了直视它的勇气,更可怕的是我们从此失去做事的心情,以至于赔上了现在和未来。所以,切莫再抓住过去的伤疤不肯放手,赶快从自怨自艾的泥潭中跳出来,朝气蓬勃地投入到新的生活和事业中去吧!

只有真正从心底里原谅自己,才能驱走烦恼,让心情好转。学会原谅自己,不是给自己找借口,而是很平静地分析我们过去的错误,从而在错误中得到教训,做到"经一事,长一智"。

我们不仅要学会原谅别人,更要学会原谅自己。如果不能原谅自己,我们便会陷在失败的泥潭里无法自拔;如果不能原谅自己,我们便会终日在自责中度过;如果不能原谅自己,我们便会失去自信,失去前进的勇气。

2. 不念旧恶，莫设心囚

弘一法师说："假如你有一件愤恨的事，或者和某人有点纠葛，不要老是翻来覆去，把你想的、感受的，或者想说的，在心里一遍一遍地煎熬，因为神经就是这样磨损的。正如同鞋带，在每天拉扯的地方磨损一般。"

一个人在他20岁的时候因为被人陷害，被判入狱，10年后冤案告破，他终于走出了牢房。

出狱后，他开始了几年如一日地反复控诉、咒骂："我真不幸，在最年轻有为的时候遭受冤屈，在监狱里度过了本应是人生最美好的一段时光。监狱简直不是人能待的地方，狭窄的空间让人备感压抑，唯一的小窗口里几乎看不到阳光。冬天寒冷难忍，夏天蚊虫叮咬。真不明白，上天为什么不惩罚那个陷害我的家伙，即使将他千刀万剐，也难以解我心头之恨啊！"

75岁那年，他终于卧床不起。弥留之际，一位德高望重的禅师来到他的床边："已经过去那么多年了，为何还如此耿耿于怀呢？"

禅师的话音刚落，病床上的他声嘶力竭地叫喊起来："我怎么能释怀，那个将我陷于不幸的人现在还活着，我需要的是诅咒，诅咒那个使我遭遇不幸的人！"

禅师问："你因受委屈在监狱里待了多少年？离开监狱后又生活了多少年？"

他恶狠狠地告诉了禅师。

禅师长叹了一口气："你真是世上最不幸的人，他人的陷害使你在监狱中度过了10年,而当你走出监牢本应获得永久自由的时候,你却用心底的仇恨、抱怨、诅咒囚禁了自己近50年!"

我们与人交往,应着眼于未来,不念旧恶。原谅别人,是对待自己的最好方式。为你的仇敌而怒火中烧,烧伤的是你自己。人能怀着一颗宽恕他人之心待人,必能使自己远离痛苦、仇恨和报复,与之俱来的是淡定、温馨和和谐。

20世纪,美国建筑大王凯迪的女儿和飞机大王克拉奇的儿子,在两家父母的撮合下,彼此有了情分。但两个人的交往并不顺利,虽然结了婚,但总是磕磕绊绊的,争吵时有发生。两家人都是名流巨富,儿女们的这种关系,让他们大伤脑筋。他们甚至担心,会不会发生什么不测。

谁想,担心什么就有什么,令他们震惊的事还是发生了,凯迪的女儿竟然被克拉奇的儿子毒死了。

克拉奇的儿子小克拉奇因一级谋杀罪被关进大牢,两家人的身心因此受到沉重的打击。从此两家人的生活变得暗无天日。克拉奇的儿子在事实面前却拒不承认自己的罪行,这使凯迪一家非常气愤。而克拉奇一家也拼命地为儿子奔走上诉。如此一来,两家人便结下了深仇大恨。

一年以后,法院做出终审,小克拉奇投毒谋杀的罪名成立,被判终身监禁。克拉奇为了能让儿子在今后得到缓刑,也为了消除儿子的罪恶,拐弯抹角不断以重金为凯迪一家做经济补偿,以便凯迪能不时地到狱中为儿子说情。克拉奇每一次的补偿都是巧妙地出现在生意场上,这使得凯迪不得不被动接受。

而凯迪每得到克拉奇家族的一笔补偿,就像是接过一把刺向自己内心的刀,悲痛难言。凯迪埋怨自己,也埋怨女儿当初怎么就看错了人。而克拉奇的全家更是年年月月生活在自责中,他们怨恨没有教育好自己的儿子。

两家人都是美国企业界中的辉煌人物，然而生活却如此地捉弄他们，让他们不得安生。一年又一年，两家人的心情被巨大的阴影所笼罩，从来没有真正地笑过。他们承认，这些年为此所付出的心理代价是用任何金钱也换不来的。

然而，苦苦承受了20多年的罪愆后，最终的事实证明，凯迪女儿的死，并不涉及善恶情仇。事情引起了美国媒体的巨大轰动，面对报社的采访，凯迪与克拉奇两家都说了同样的话："20年来，我们付不起的是我们已经付出的、又无法弥补的心态。"

人生的所谓得与失，在很多时候并没有什么实际意义，但被带入其中的无法挽救的或恶劣，或悲伤，或仇恨的心情，却可以改变人们对整个生活的感受和看法。这种因心情引起的得与失，比起物质上的得与失更加致命。因为这才是最昂贵又最付不起的。

为何那些人们不能忘记过去的恩恩怨怨，重新开始新的生活，却选择在回不去的记忆里感伤、折磨自己呢？

学会遗忘，可以使一个原本不快乐的人变得快乐。

3. 一失足并非成千古恨

"一失足成千古恨"这是千年古训，教育了多少人，无非就是要求人们把握好自己的人生方向，千万不要走上错路，最后让自己后悔。其实，人的一生总要经历许多风风雨雨，总会遇到各种各样的情况。

当人们在一些事情上急于求成而又脱离实际时，就会造成一些过失，带来严重的后果，但并非一失足就成千古恨。

勾践卧薪尝胆的故事人们都已经听了很多次。当初越王勾践不听大臣范蠡劝谏，坚持要发兵攻打吴国，结果在夫椒一战中大败，并且被押往吴国为吴王养马三年。勾践为当初的鲁莽冲动付出了惨痛的代价，卧薪尝胆，立志一定不忘亡国之恨。于是在回到越国之后，他时时刻刻都提醒自己要报仇雪恨，他励精图治，事必躬亲。同时，一有空闲，就和农民一样到农田里扶犁耕作。他的妻子也亲手纺线织布。在这段时间里，他们生活简朴，不吃有肉的饭菜，不穿华丽的衣服，待人平和，礼贤下士，厚待宾客。最后终于在吴国兵疲马惫之际灭掉吴国，从而结束了这场吴越争霸。

一失足未必就成千古恨。只要能够找到失足的原因，尽快调整心态，克服失败给自己心灵残留下的阴影，逐步恢复自信，继而自强不息，这样才能不再让悔恨吞噬心灵。

在社会中，没有谁会注定一帆风顺，也没有人注定一生失足，生活对每个人都是公平的，即使失足了也并不意味着天就要塌下来了。只要你敢于正视失足，它就可以使你学到并深刻体验到许多真知灼见，并使你对此难以忘怀。失足还可以使你认识到自己的能力与局限，了解自己是否成熟。

所以，不要恐惧失足，它带给你的会比成功带来的更多。

失足是一件让人们痛苦的事情，它令人悲伤。但更痛苦的是失足之后的束手无策，是失足后的不能警醒。对于失足，人们总是习惯于先从客观上找理由，古人经常归咎于上天不公或自己的命运不济，现代人经常归之于运气不好，但实际上这多半是托词，是借口。一个人的失足最主要的原因应该是自己亲手造成的，或者说绝大多数失足都与自己有关，与自己的个性或失误有关。不是因为自己的性格、心理、意志等方面存在缺陷，就是因为方法不当，措施不力，再不就是因为自己的判断失误或误入歧途。再多的客观因素也不能使你推卸掉自己的责任。

当你出现失足的情况时，要及时地改正，否则失足就永远只是失足，而决不能转化为动力。失足并不可怕，跌倒了爬起来就是了。但是，怕的就是被失足打倒，失足后一蹶不振，在失足中越发沉沦，一朝被蛇咬，十年怕井绳。

培根是17世纪欧洲一位显要的人物。生在贵族家庭中的他曾经担任过英国驻法国大使馆工作人员，还当过律师，并在议会选举中当选为议会议员。在他官运亨通、平步青云、春风得意的时候，因贪污受贿罪而被监禁于伦敦塔内，出狱后，又被终生逐出朝廷，不得再担任任何官方职务，不得参与议会。

从此培根开始专心从事著述。他提出了著名的"要命令自然，就要服从自然""知识就是力量"等一系列对后人影响深远的口号，并建立了自己的唯物主义经验论。曾经的失足使培根成了英国唯物主义和整个现代实验科学的真正鼻祖，成为了英国17世纪伟大的唯物主义哲学家、世界哲学史和科学史上具有划时代意义的人物。也正是由于这次失足，让培根成了在人类思想史上占有重要地位的一代巨人，成了一名被后人永远铭记的哲学家。

一时的失足没有什么大不了，我们要走的路还很长，一次失足并不是世界末日，而只不过是一个新的开端，是命运让我们做个新的更好的自己。

失足既可以成为埋葬信心的坟墓，也可以成为"而今迈步从头越"

的起点。失足并不代表着失败,只是表明成功或许需要变换一下方向;失足也并不意味着你浪费了时间和生命,不过表明你有理由重新开始。

4. 以平常心面对得失

人生总是有得有失,得到了这个,失掉了那个,有的人很贪心,想要把一切都攥在手里,失掉了任何一样都会变得不开心,这样就是没有参透得失的本质。

我们在得失之间要有一颗平常心。塞翁失马的故事我们都听说过,在这个故事中塞翁失去了很多东西,但是唯一不变的就是他快乐的内心,他始终保持着平和的心态。

要以"得之我幸,失之我命"的坦然去乐观看待整个人生,拥有这样的心态自然能够保持快乐。

弘一法师出生在富贵之家,在青年时代过着歌舞升平的奢华日子。出家之后,生活过得极其清苦。

有一天,夏丏尊和弘一法师在一起吃饭时,一道菜太咸了。而弘一法师没有表现出任何异样,夏先生不忍心地说:"难道你不嫌这菜太咸吗?"弘一法师回答说:"咸有咸的味道!"

吃完饭后,弘一法师手里端着一杯开水,夏先生问:"没有茶叶吗?怎么每天都喝这无味的白水?"

弘一法师又笑了笑说:"白水虽淡,但淡也有淡的味道。"

《菜根谭》里有一句话：我贵而人奉之，奉此峨冠大带也；我贱而人侮之，侮此布衣草履也。然则原非奉我，我胡为喜；原非侮我，我何为怒？

可见，一个人贫也好，富也好，高也罢，低也罢，都不会是一成不变的，重要的是要有一颗随遇而安的心。

在人生的道路上，每个人都在不断地累积着令自己烦恼的东西，包括名誉、地位、财富、亲情、人际关系、健康、知识、事业，等等。这些东西压得人们喘不过气来，使人们失去了原本应该享受的乐趣，增添了许多无谓的烦恼。一旦失去其中一种便会大为在意，甚至恼火沮丧，要"想办法夺回来"。

其实人生就那么几十年，金钱、地位等的一切都不能一直陪伴我们，人死了之后也什么都带不走，若是焦虑沮丧、患得患失几十年，那就太不值得了。所以人生的本质就是快乐，每天都快乐地活，不是一种最好的活法吗？何必要为了一些身外之物黯然神伤，焦虑不已。

有个富人叫白正，他感到每天都不快乐，听说在偏远的山村里有一位得道的高僧，他便把所有家产换成了一袋钻石，去找高僧。

他对高僧说："高僧！人们说你是无所不知的，请问在哪里可以买到快乐的秘方呢？"

高僧说："我这里的快乐秘方价格很贵，你准备了多少钱，可以让我看看吗？"

白正把装满钻石的袋子拿给高僧，没有想到高僧连看也不看，一把抓住袋子，跳起来就跑掉了。

白正非常吃惊，四下又无人，只好自己追赶高僧，可是跑了很远也没有见到高僧的身影，他累得满头大汗，在树下痛哭。

正当白正哭得厉害之时，他突然发现被抢走的袋子就挂在枝丫上。

他取下袋子，发现钻石还在。一瞬间，一股难以言喻的快乐充满他全身。

高僧从树后面走出来，说道："凡人不懂得得与失的平衡，自以为失要痛哭，得要欢喜，抛却了这种观念你才能真正的快乐啊。"

白正叩谢禅师，回去之后开始劳动，每天变得快乐起来。

人们总喜欢羡慕别人，却忽略了自己所拥有的。很多人总是渴望获得那些本不属于自己的东西，而对自己拥有的却不加以珍惜。其实，我们每个个体之所以存在于世界上，自有它存在的意义；每一个人都拥有自己的优点和长处，也有自己的缺点和短处。因此，安心做自己的人，才是智慧的人。

5. 转换看问题的视角

同样的一件事情，悲观的人只看到不利的一面，乐观的人看到的却是有利的一面，不同的心态呈现出的世界完全不同，呈现出的人生道路也就有了不同。

一位满脸愁容的生意人来到智慧老人的面前。

"先生，我急需您的帮助。虽然我很富有，但人人都对我横眉冷对。生活真像一场充满尔虞我诈的厮杀。"

"那你就停止厮杀呗。"智慧老人回答他。

生意人对这样的告诫感到无所适从，他带着失望离开了智慧老人。在接下来的几个月里，他情绪变得糟糕透了，与身边每一个人争吵斗殴，由此结下了不少冤家。一年以后，他变得心力交瘁，再也无力与人一争长短了。

"哎，先生，现在我不想跟人家斗了。但是，生活还是如此沉重——它真是一副重重的担子呀。"

"那你就把担子卸掉呗。"智慧老人回答。

生意人对这样的回答很气愤，怒气冲冲地走了。在接下来的一年当中，他的生意遭遇了挫折，并最终丧失了所有的家当。妻子带着孩子离他而去，他变得一贫如洗，孤立无援，于是他再一次向这位智慧老人讨教。

"先生，我现在已经两手空空，一无所有，生活里只剩下了悲伤。"

"那就不要悲伤呗。"生意人似乎已经预料到会有这样的回答，这一次他既没有失望也没有生气，而是选择待在智慧老人居住的那个山的一个角落。

有一天他突然悲从中来，伤心地号啕大哭了起来——几天，几个星期，乃至几个月地流泪。

最后，他的眼泪哭干了。他抬起头，早晨温煦的阳光正普照着大地。他于是又来到了智慧老人那里。

"先生，生活到底是什么呢？"

老人抬头看了看天，微笑着回答道："一觉醒来又是新的一天，你没看见那每日都照常升起的太阳吗？"

生活到底是沉重的，还是轻松的？这全依赖于我们怎么看待它。生活中会遇到各种烦恼，如果你摆脱不了它，那它就会如影随形地伴随在你左右，生活就成了一副重重的担子。"一觉醒来又是新的一天，太阳不是每日都照常升起吗？"放下烦恼和忧愁，生活原来可以如此简单。

有一少妇投河自尽，被正在河中划船的船夫救起。船夫问："你年纪轻轻,为何自寻短见?"

"我结婚才两年,丈夫就抛弃了我,接着孩子又病死了。您说我活着还有什么意思?"

船夫听了,想了一会儿,说:"两年前,你是怎样过日子的?"

少妇说:"那时的我自由自在,没有任何烦恼……"

"那时你有丈夫和孩子吗?"

"没有。"

"那么你不过是被命运之船送回到两年前去了。现在你又自由自在,没有任何烦恼了,你还有什么想不开的?请上岸去吧……"

少妇恍如做了一个梦,她揉了揉眼睛,想了想,心中豁然开朗,便上岸走了。

从此,她没有再寻短见。她从另一个角度看到了希望的曙光。

记得有位哲人曾说:"我们的痛苦不是问题的本身带来的,而是我们对这些问题的看法而产生的。"这句话很经典,它引导我们学会解脱,而解脱的最好方式是面对不同的情况,用不同的思路去多角度地分析问题。因为事物都是多面性的,视角不同,所得的结果就不同。

相信一句话:要解决一切困难是一个美丽的梦想,但任何一个困难都是可以解决的。

转换看问题的视角,就是不能用一种方式去看所有的问题和问题的所有方面。如果那样,你肯定会钻进一个死胡同,离问题的解决越来越远,处在混乱的矛盾中而不能自拔。

一个对生活极度厌倦的绝望少女,她打算以投湖的方式自杀。在湖边她遇到了一位正在写生的画家,画家专心致志地画着一幅画。少女厌恶极了,她鄙薄地睨了画家一眼,心想:幼稚,那鬼一样狰狞的山有什么好画的！那坟场一样荒废的湖有什么好画的！

画家似乎注意到了少女的存在和情绪。他依然专心致志、神情怡然地画，一会儿，他说："姑娘，来看看画吧。"

她走过去，傲慢地睨视着画家和画家手里的画。但是，立刻，她被吸引了，竟然将自杀的事忘得一干二净，她真是没见过那样美丽的画面——他将"坟场一样"的湖面画成了天上的宫殿，将"鬼一样狰狞"的山画成了美丽的、长着翅膀的女人，最后画家将这幅画命名为"生活"。

少女的身体在变轻，在飘浮，她感到自己就是那袅袅婀娜的云……

良久，画家突然挥笔在这幅美丽的画上点了一些麻乱的黑点，似污泥，又像蚊蝇。

少女惊喜地说："星辰和花瓣！"

画家满意地笑了："是啊，美丽的生活是需要我们自己用心发现的呀！"

生活的美与丑，全在我们自己怎么看，如果你将心中的烦恼和阴暗面彻底放下，然后选择一种积极的心态，懂得用心去体会生活，就会发现，生活处处都美丽动人。

6. 不要预支明天的忧虑

有这样三个有趣的故事：

他是一位年轻有为的外企白领，妻子也有非常不错的工作，来深圳艰苦创业五年后，他由一个外地打工仔成长为一名企业精英，更让他引以为豪的是，他不但在深圳创立了自己的事业，而且还购买了自己的住房。这一切看起来都很不错，但他依旧烦恼重重。是什么事情让他烦恼呢？他说自己总是生活在一种危机感中，不停地思考：将来如果失业了怎么办？企业前景不好该如何？怎样才能使将来有更好的发展？如果以后自己开公司，资金从何而来？这些问题令他坐立不安。

小林是一家餐厅的老板，她一直为生活中的思虑所困扰，以致精神时常处于恍惚之中。她担忧店里的生意不好，她担忧顾客是否满意每一次的服务，她担忧周边餐厅的生意太好抢了自己的生意，她担忧天气不好顾客不来，她也担忧天气太好顾客都外出游玩，使得店里的东西卖不出去。她惶惶不可终日，担忧似乎已经成为一种习惯，使她疲惫不堪。小林觉得自己就像找不到归路的羔羊，茫然地四处搜寻，却不知道丢失了什么。

有一个人总觉得自己得了什么不治之症，便跑去看医生。医生问他有什么症状，他说没什么不舒服。医生又问："你最近食欲怎么样？"他说"很正常"。"那你觉得自己得了癌症的依据是什么？"医生好奇地问道。他说："我听说癌症的初期什么症状都没有，我正是这样啊！"

这三个有趣的故事，告诉我们一个道理：烦恼不是别人给的，是自己想得太多。

这个世界上没有任何事情比杞人忧天的烦恼更可怕了。有一句老话说："天要下雨娘要嫁人，随他去吧。"既然忧虑无济于事，多想不如不想。

其实，现代人之所以烦恼焦虑，并不是真的遇到了无法解决的事情，而是因为"想得太多"。

因为"想得太多"，我们时常自以为是地担心着原本没有发生的事情，无病呻吟地抱怨着可能根本就不存在的问题，搞到最后，不但自陷绝地，甚至还危害到了身心健康。

俗话说，忧能伤人，愁能杀人。许多想得太多的人，因为心思太过沉重，所以很难体会到真正的人生乐趣。因此，当忧愁、担心、哀伤等情绪如蛛网般缠上心头时，请不要容它侵蚀你的心。如果你总是将一些没必要担忧的事，一遍又一遍地在脑中思来想去，就会像不断被拉扯的弹簧一样，终有一天会被扯断。

有一个年轻人，跑去向智者倾诉烦恼。年轻人说了很多，可智者总是笑而不答。等年轻人说完了，智者才说："我来给你挠一下痒吧。"年轻人不解地问："您不给我解答烦恼，却要给我挠痒，我的烦恼与挠痒有什么关系呢？何况我并不需要挠痒！"

智者说："有关系，并且关系大着呢！"年轻人无奈，只好掀开背上的衣服，让智者给自己挠痒。智者只是随便在年轻人的身上挠了一下，便再也不理他了。年轻人突然觉得自己背上有一个地方痒得难受，便对智者说："您再给我挠一下吧。"

智者于是又在年轻人的背上挠了一下。可是，年轻人觉得这里刚挠完，那里又痒了起来，便求智者再给自己挠一下。就这样，在年轻人的要求下，智者给年轻人挠了一上午的痒。

年轻人走的时候，智者问："你还觉得烦恼吗？"整整一上午，年轻人都在缠着智者给自己挠痒，居然将所有烦恼的事情都给忘记了。于是，他摇了摇头说："不烦恼了。"智者这才点头笑着说："其实，烦恼就像挠痒，你本来是不觉得痒的，但是如果你闲来无事，去挠了一下,便痒了起来,并且越挠越痒。烦恼也是一样,本来你不觉得烦恼,只是如果你闲来无事时,去想了一些令自己烦恼的事,你便开始烦恼了起来,并且越想越烦。"

年轻人似有所悟。智者接着说:"烦恼最喜欢去找那些闲着没事的人,一个整天忙碌着的人,是没有时间去烦恼的!"

不知道大家有没有留意过,久别的朋友见面,大多会彼此在一起抱怨自己活得多累,每天忙忙碌碌却不知道自己到底在做什么,有时特别想找一个没有人的地方大哭一场,家庭的重担、工作的压力、人际的复杂,如大山般压在心头,让人喘不过气来,而唯一一点属于自己的时间,却都用来为明天的前途忧虑。

这些抱怨者,大多都是一些事业有成、有车有房、家庭美满的人,别人羡慕他们都还来不及呢。而他们之所以活得不幸福,究其原因就是因为患上了"心灵担忧症",而对付这种"病"的办法只有一个,那就是:不要想得太多。

我们都有过这样的经历:白天若是想得太多,一天的工作生活就无法正常进行,甚至还会频频出错;晚上若是想得太多,常常是夜不能寐,就算勉强入睡,第二天起来也是昏昏沉沉。其实,转念一想,就算事情真的发生了,想得再多又有什么用呢?

有一个年轻人到了服兵役的年龄,他被分配到了最艰苦的兵种——海军陆战队。年轻人为此非常的忧虑,几乎到了茶不思、饭不想的地步。年轻人有个深具智慧的祖父,他见到自己的孙子整天都是这副模样,便寻思着要怎样好好地开导他。

这天,老祖父对这位年轻人说:"孙子,其实这没有什么可忧虑的。就算是到了海军陆战队里,还是有两个机会,一个是内勤职务,另一个是外勤职务。你有可能被分发到内勤单位，这就没什么好忧虑的了！"

年轻人却并不是这么乐观，他还是忧心地问道："那如果我被分发到外勤单位呢？"

老祖父："那还有两个机会，一个是可以留在本岛，另一个是被分发到外岛。你如果被分发在本岛的话，那也没什么可忧虑的呀！"

年轻人又问："那如果我不幸被分发到外岛呢？"

老祖父说："那不是还有两个机会吗，一个是待在后方，另一个是被分发到最前线。如果你是留在外岛的后方单位，也是很好的，也不用忧虑啊。"

年轻人再问："那如果我被分发到前线呢？"老祖父说："那还是有两个机会，一个是只站站岗卫，平安退伍，另一个是会遇上意外事故。如果你只是站站岗，依然能够平安退伍，这也没什么可忧虑的！"

年轻人仍然问道："那么，如果是遇上意外事故呢？"

老祖父说："那还是有两个机会，一个是受轻伤，可能把你送回本岛，另一个是受了重伤，无法救治。如果你只是受了轻伤，被送回本岛，也不用忧虑呀！"

年轻人最为恐惧的地方就是这儿，他颤声地问道："那……如果非常不幸是后者呢？"

老祖父大笑起来，然后说道："若是遇上那种情况，你人都死了，更是没有什么可忧虑的！忧虑的倒该是我了，那白发人送黑发人的痛苦场面，可并不好玩哟！"

生活不可能像我们心中所期望的那样美好，它有酸甜苦辣，它有悲情苦楚，也有许多的忧虑。忧虑来源于生活，来源于对未知世界的不了解，也来自于自身的担忧和顾虑。许多烦恼本不存在，但是在多虑的情况下，任何情况都可能造成你的忧虑。

第六章 善待自己，适时放下不必要的固执

个人的力量是渺小的，谁都无法与宿命抗衡，谁都改变不了既定的事实。我们倒不如顺其自然，静观其变，并做好自己能做到的事情，只要无愧于心，此生就已无憾了。

7. 给不了就转身，得不到就放手

许多人都会在爱里受伤，因为爱别人爱得失去了自己，等到分手时，才发现在这场爱中，已经迷失了自己，所以总试图抓住情感的尾巴，希望能够有转机。要明白，对方一旦做出决定，那么这场感情就注定了是这样的结果。请不要试图以自己的痛苦与哀求换回曾经的爱，这样只会让对方轻视自己，更快离开。我们要坚信，失去自己，将是他一生最大的遗憾。

有一个女孩，在她最美好的年华爱上了一个优秀的男人。两人一开始感情很好，男人对女孩真的很好，让女孩沉浸在这种美好中无法自拔。然而，五年过去了，对这个二十多岁的女孩来说，这五年是她最美好的回忆，她等来的不是自己梦寐以求的婚姻，而是男人的分手。

对于这样的结果，女孩难以接受，她不知道为什么会是这样的结果。她始终不肯相信那个曾经深爱她的男人已变心了。于是，她想尽办法去挽留，最终没有如愿以偿。女孩在无奈之下，选择自杀相要挟。幸好在关键时刻被家人发现，并且及时地被送到医院，经过全力抢救，得以脱险。醒来后，她做的第一件事情就是给这个男人打电话。可是男人在确认了女孩生命无碍后，就从女孩的世界里彻底消失了。原本脆弱的女孩，无法面对这样的局面，她选择了疯狂地报复，要拼个鱼死网破，为的就是证明自己对这段感情的在乎。事后，也有人问起男人，为何不去看望女孩，给他们曾经美好的爱情画一个完美的句号。令人没想到的是，这个原本坚强的男人竟然哆嗦着嘴唇说："我害怕，我不敢。"

当女孩听了这句话后，原本耿耿于怀的她，释怀了，她再也没有做出什么过激的举动，只身一人远走异乡，开始了自己的新生活。

几年过去了，女孩已为人母，依旧美丽的脸庞泛着幸福的光泽。现在，她对生活很满足，因为她有疼爱她的丈夫，和一个可爱的孩子。回想起丈夫在追求她时说的那句："女人的情伤注定要由下一个男人来抚平的，而我就是这下一个男人，所以你什么也不要在意。"她仍然会感动。

其实，谁没有过情伤！谁还会在乎曾经的沧海桑田。的确，人生在世，又有谁能够肯定这一辈子不会因情而伤。故事中的女孩，爱人离去时没能够冷静对待，以自杀的方式来挽回这段感情。殊不知，这样会让对方害怕，更会躲起来。当分离来临时，聪明的人懂得，用生命相逼并非明智之举。你以为你的死能改变什么吗？除了给亲人带来痛苦以外，没有人会去怀念你。只有珍惜生命，珍爱自己，才能走出失落，要相信前方还有值得你爱的人正等着你。

面对逝去的感情时，许多人都只看到了它曾经的美好，只有被这样的感情弄得遍体鳞伤时才明白，原来爱情不仅仅有美好的一面。其实，谁能保证一生只爱一个人，分手是再正常不过的事情。面对失恋，如果总深陷其中，总想做最后的挣扎，甚至认为自己不能生活得幸福，那么谁也别想幸福，在这种念头下，做着最疯狂的事情。这些都是再愚蠢不过的行为。学会勇敢地面对这一切吧，离开那个温暖的臂膀可能会让你伤心一阵子，然而，相信这些终究会过去。

现实生活中，有很多人遭遇情感危机时，更多的是抱着鱼死网破的心理对待。然而，努力越多，伤害就越多，彼此心里的仇恨也就越多。爱是相互的，对一个已经不再爱你的人来讲，这种变相的爱其实已经深深伤害到对方。与其让两颗心在痛苦中纠缠，倒不如勇敢一些，放手给他自由。

姜琳这段时间正处于家庭战争时期，老公提出了离婚。为了挽回老公的心，她试了很多种办法，然而毫无作用。想要放下这段感情很难，她选择了逃避。那时，正值长江即将涨水之际，她报了团去三峡散散心。

带着内心的伤，她整理了行装，起身前往重庆，从那里上船到宜昌，领略三峡两岸的美丽景色。原本，她以为即使看到再美的景色，也不可能医好自己所受的情伤。可是，还没坐上船，她已经被身边的美景所吸引，面对蜀山蜀水，她领略到了从未有过的气势。

一路上，船在崇山峻岭之间顺流而下，看着数千年来被无数文人骚客吟诵过的峡谷，多少感慨涌上心头。深夜时分，姜琳独自一人戴着耳机呆坐在甲板上，歌声、涛声如影随形，终于，这些天积压在心头的忧伤涌上心头。虽然身边有许多旅客，然而有谁会注意她这个陌生人呢，泪水顺着脸庞滑落下来。索性放开些，等到哭累了，她才回房睡觉。

清晨醒来，她惊讶地发现居然能够一夜安睡无梦了。这么多天以后，她终于有了胃口，早餐时，吃下了许多东西。中午时分，到达鬼城丰都，游客们纷纷下船，导游关切地对已上岸的她喊道："别忘了，你的船停在这儿！"她微笑着向导游示意。望着依山而建的古城，姜琳也想和其他游客一样，爬上山顶领略大自然的风姿。初夏时节，午后阳光有些灼热，再加上这些天来她心情低落，休息不够，因而，还没走多远就被落下了。忽然，她的头一晕，险些从台阶上摔下去。身后两双手及时把她扶着，才让她免遭不测。"你怎么了，看你的脸色苍白，是不是不舒服？"是好听的苏州普通话，是两个男人，他们一直在她的身后。"没事的，只是因为有些累了。"姜琳答道。"那你慢点，我们一起走吧。"于是，两人接过姜琳手中的包，拉起她的手，就这样一路走去。

夜风吹起，忽然一个充满磁性的声音在耳边响起："放下亦是一种美，就宛如你披着头发时的样子很美。"姜琳认出是下午一起上山的两个苏州人之一。

那个男人说道："看着你昨夜在甲板上伤心哭泣、无助的样子，我们都很担心。只要你愿意放下一些伤痛，我想你会幸福的。"听着动听的话语，姜琳把头转向一边，流出泪来。许久，"一切都会好起来的！"男人说道。

等到旅游回来，姜琳心中的结已经打开。她与老公很快就办好了离婚手续。

人生漫漫，有爱就会有伤，有情就会有恨。这一路走来，为事，为情，为人，为爱，我们的内心何止破碎一次。然而，却依然可以在受伤过后，重新站立起来。只要愿意，一个人永远不会丧失爱的能力。既然如此，那么你还会再害怕多一次的伤害吗？如果一段感情到了尽头，却又无法挽回，此刻你能给他的爱就是试着把手放开。

感情的伤害也许的确会让人痛彻心扉，然而聪明的人懂得，只有放下这份让人痛心的爱，才能获得解脱。纠缠是一种爱，放开更是一种爱，真正懂得爱的人，更明白成全的意义。因而，如果真的是爱，那么，最后时刻来个优雅的转身便是明智的选择。

人们常说：在对的时候遇见对的人，是一种幸福；在对的时候遇见错的人，是一种遗憾；在错的时候遇见对的人是一种伤心；在错的时候遇见错的人是一种叹息。所以，给不了就转身，得不到就放手吧。

8. 适时地放下无意义的坚持

生活中，很多人总认为自己还年轻，有很多时间可以去尝试、去坚持，但是岁月匆匆，当最终发现自己的坚持成为无用功时，再回首已经百年身。

错误的坚持就是在浪费生命，不管是工作还是生活。

有一家公司需要招聘一名业务代表，通过层层选拔进入复试的只有A和B两名应聘者，为了再从中找出一位最适合这份职业的员工，公司决定在不同时间段分别通知他们前来面试。

第二天A被公司通知前来进行最后一次的考核。A在面试的时候十分稳重，各种问题都对答如流，就在这时负责面试的考官忽然递给他一把钥匙，随手指了一间小屋让他去那里拿只茶杯来。

A就去开那间小屋的门，可是他无论怎么开就是打不开，他不相信自己开不了，就慢慢地拧，捣鼓了很长时间还是打不开。他知道这是主考官给自己出的最后一道难题，如果连这扇小小的门都打不开的话，怎么去打开别人的心灵，于是他就一个劲儿地往里面拧，最后钥匙也被他拧断在锁孔里了。

A感到难以置信,明明是这扇门的钥匙为什么就是打不开呢?他就问主考官:"请问,是这把钥匙吗?"主考官抬头看了一下A答道:"是打开屋子,取出茶杯的钥匙。"A很为难地说:"门打不开,我也不渴……"

主考官打断了他的话:"那好吧,这两天回去等通知,如果接不到通知,你就去别家公司试试吧。"

第三天公司又通知B来面试,尽管他的回答不是十分流畅,但主考官还是同样给他一把钥匙让他取来一只茶杯,B也是同样打不开门。但是他却看见另一间屋里有一只茶杯,他就想:"主考官并没有告诉我钥匙就是这间屋子的,它既然是打开有茶杯那间屋的钥匙,那么应是隔壁这一间吧!"于是他抱着试试看的心态,竟然真的打开了那间小屋,取出了茶杯。

主考官很高兴,拿过他取出的茶杯为他倒了一杯水,然后对他说:"喝杯水,然后签个协议,祝贺你,你被录取了。"

A放不下自己心中的那份执着,一直认为主考官指定的就是那间屋子,结果怎么弄也打不开屋门,而B却并没有这样认为,只是选择放下这扇打不开的屋门去试另一间的屋门,结果他用同样的一把钥匙打开了另一间屋门,取出了茶杯。

有些事情确实需要"半途而废"的精神,当然这就要求我们要仔细地甄别何时是放下的时机,然后正确理智地坚持,这才是实现终极目标的大智慧。

生活中也有些人从小就抱有美好的梦想,也身体力行去追求、去坚持,但他们牺牲了美好的青春,激情也慢慢消耗殆尽,留给自己的却是一个生命的残局,可是他们仍然觉得是上苍跟他们开了一个生命的玩笑。殊不知,是他们自己的固执埋葬了自己的青春年华。

选择需要智慧,放下需要勇气。适时地放下无意义的坚持,才会更有可能到达成功的彼岸。如果自己选择的方向是正确的，那么该坚持的就要坚持，反之，如果你在一条错误的道路上狂奔，那么就加速了自己的毁灭。

如果我们的目标并不适合我们，做了也是白做的时候就要懂得去收手，与其苦苦挣扎，蹉跎岁月，还不如选择放下。若我们坚定地放下了那种偏执，说不定会柳暗花明，别有洞天。

第七章

保持清醒,别"死要面子活受罪"

1. "打肿脸充胖子"只能证明你心虚

"人活一张脸,树活一张皮",要面子本是人之常情,但如果为了挣面子背弃做人行事的底线,甚至铤而走险违规违法,最终不仅没面子,而且害人害己。

有人为了虚荣不惜"打肿脸充胖子",外面看上去很"光彩",但吃苦受罪的还是自己,为了外表的"光彩"而遭受实在的痛苦,这不是很可悲的一件事吗?

有一对恋人结婚时非要摆一摆阔气,发誓要把本单位同事们的婚礼都比下去。可是他们二人都是工薪阶层,没有多少存款,双方的父母身体都不太好,他们那点退休工资是指望不上的。怎么办?借吧。

于是,他们借钱置办了高档家具,将新房装饰得像宫殿一样华丽,但是他们还不满足,他们还想把婚礼搞得排场一些、隆重一些。可是能借的钱已经都借了,新郎决定为了自己的婚礼铤而走险。他在结婚前几天偷出工厂的一些器材,私下里换成了一叠人民币。

婚礼那天,新郎西装革履,新娘婚纱拖地。用金色的硬币拼成的喜字让来宾惊诧不已,租用的轿车排着长长的队,真是气派极了。

可是到了晚上,贺喜的人群还没散,新郎新娘还没入洞房,呼啸的警车就将新郎带走了。接着,没收了他用赃款买的家用电器。

事发之后,债主们也纷纷上门讨债,新娘子只好变卖了新买的家具用来还债。面对空空的四壁,新娘坚决要离婚,一个刚刚组建的家庭就这样被虚荣和面子给拆散了。

当今社会，虽然贫穷容易让人看不起，但是打肿脸充胖子一定比贫穷更让人看不起。也许，没有钱做什么都难，但千万不能因为钱而迷失自己的本性，更不能为了挣面子而去做傻事。

在今天，有钱的摆阔气，没有钱的也不能输面子，大家互相攀比，谁也不让谁。这种攀比更加激化了一个人的虚荣心，人人都想自己表现得最阔气、最排场，让所有人都羡慕，没有钱就借，甚至冒着坐牢杀头的危险去贪，去偷，去抢，其结果都不会有好下场的。

一个老农民，一夜之间成了暴发户，第二天便去买了一辆豪华轿车。

他每天都要开车去附近又脏又热的小镇一次。他希望看到任何人，也希望任何人都能看到他。因为他喜欢炫耀自己，总是"开着"轿车左拐右拐地穿过大街小巷，去跟每一个人讲话。可是他走得很慢，比自行车还要慢。原因非常简单，这辆既美丽又气派的轿车是用两匹马拉着的。

其实，并不是汽车引擎不能发动，而是老农民不晓得把钥匙插进去发动它。

从那以后，老农民的朋友越来越少，连他的亲人都不搭理他了，碰面了至多奉承他几句，虚情假意地算计他。老农民的虚荣心一时得到了满足，但是没有多久，他就感到生活越来越没有意思，最后，他又回到农田里继续耕田种地，只有这样他才会感到充实。

意外中了大奖，本应该是一件好事，可是老农民因贪图虚荣而向庸俗的方向发展，就会显得很无聊。

虚荣者的虚荣心很强，但他的深层心理却是心虚，为了追求面子，不惜打肿脸充胖子，内心是很空虚的。虚荣者表面的虚荣与内心深处的心虚总是在斗争着，表面一个样儿，实际上是另一个样儿。虚荣者想把美好的一面展现给世界，但其实那不是真实的自己。

　　人其实没有必要活得那么累，每个人都有自己的人生路，假如人人都让这种虚荣心左右，那么还有什么个性可言，世界会少了多少色彩？如果为了满足自己的虚荣心而出卖自己的灵魂，岂不悲惨？你就是你，我就是我，这个世界比你强的人有很多，比你差的同样也不少，用心活出一个个性的自我，就是你自身的价值所在。没有必要去为虚荣卖命，因为它会引导你走入歧途，甚至毁了你。

2. 不重视"面子"会活得更好

　　中国人的多数欲望大抵跟面子是分不开的。

　　我们从小就得到长辈们的训示："别丢我们的脸！"将"面子"的观念深植在我们的心中。从此，我们时刻注意自己的面子，时刻牢记千万不能失掉面子，即使为此撑得异常辛苦也在所不惜。

　　小小的一个面子，尽显众生百态！富人有富人的面子，穷人有穷人的面子；当官的有当官的面子，老百姓有老百姓的面子；长辈有长辈的面子，孩子有孩子的面子；君子有君子的面子，小人有小人的面子……面子简直成了中国人的第二生命。

　　曾经有这样一个笑话：

　　民国初年，一个曾经风光而又陷于落魄的旗人整日泡在酒肆里跟人吹嘘他是如何养尊处优，锦衣玉食。

　　一天，他边吹牛边津津有味地啃着一个芝麻烧饼。烧饼吃完了，一些芝麻不小心掉在柜台上了。他正思忖该怎样把这些芝麻纳入口中又不招人笑话，一个衣衫不整的姑娘跑进来，是他的女儿找他回家。他忙端着架子斥责女儿："慌慌张张的干什么？怎么不打扮整齐再出门？"

姑娘很惊讶地望着他说："爸爸，你忘了吗？咱家值钱的东西都当光了，我哪有体面的衣服穿啊？我妈让你赶紧回家，她要出门没裤子，让你把裤子借她穿一会儿！"

这旗人一听面红耳赤，想溜出去却没忘刚刚掉落在柜台上的几粒芝麻，便一拍柜台，怒道："小孩子胡说什么？还不回家去？"借拍柜台之机将几粒芝麻尽粘在手掌上偷偷地吃了下去。

爱面子如斯，真是可气又可笑。

其实，不要面子我们会活得更好。

古代大哲人苏格拉底的生活态度很值得我们效仿。

每个清晨，邻居们都会看见赤着脚的苏格拉底走出家门，踩着晶莹的露水，跳到一块等待雕刻的大石头上，仰起头向冉冉升起的太阳热情地问候，向正在隐去的星星和月亮挥手告别。他无视众人怪异的眼光，披上他那破旧不堪的袍子，准备到集市上和民众们辩论，行使他"思想助产士"的义务劳动。

这时正为早餐发愁的妻子冲出来，在众人面前厉声责备丈夫，高声发着牢骚，抱怨家里米缸朝天，丈夫却天天游手好闲，不求上进。苏格拉底却不顾众人的窃笑，亲昵地拥抱一下老婆，向外边走边说："亲爱的，我去工作了，我要帮人们把思想顺利生产下来。"愤怒的妻子把一盆水泼向苏格拉底，他顿时被浇成了落汤鸡。苏格拉底像骑士一样抖抖湿透的袍子，对哈哈大笑的邻居说："看来我猜对了，电闪雷鸣过后，必有大雨倾盆。"

很多人一定会嘲笑苏格拉底是个"妻管严",在众人面前被老婆打骂很丢面子,殊不知这正是苏格拉底的高明之处。因为他知道自己的老婆是个"河东狮",既然没法子改变就由她去吧。

面子是什么,如果不要面子可以生活得更好,我们又何乐而不为呢?

不要再违心地在众人聚会时充大方争抢着付账单,却见荷包瘪下去而暗暗心疼;也不要花费两三个月的薪水换一身新行头,只求别人的一句"衣服很漂亮",接下去的两个月却不得不与馒头咸菜为伴;更无须整天板着面孔,不苟言笑,开怀大笑吧,即使笑得露出了你的小龅牙,也不会没面子。

千万别再不懂装懂了,承认自己也有无知的时候,这没什么丢脸的。

用钱买来的面子,是华而不实的面子,让人一眼就能看穿你内心的贫乏;用权力换来的面子是势力而短暂的,没有一个人可以长久地拥有权力,这样的面子虽然八面威风却没有底气。实力可以说明一切,当你拥有充实的内心,拥有也许并不太聪明但肯踏踏实实汲取营养的大脑,拥有富贵不能淫的骨气以及脚踏实地的干劲,无须你去做作地用假面具来装面子,那由内至外散发出来的气质足以让别人不能轻视你,你也活得更真实、更轻松。

让我们把面子统统扔到太平洋去吧!

3. "匹夫之勇"要不得

办事要量力而行,对自己做不到的事,要说明情况,不要勉为其难。乱逞英雄、匹夫之勇都是虚荣心作祟的行为,这样做和一个没有理智的莽夫没有区别。

"匹夫之勇"这个成语，最早出现在《孟子》一书中。"匹夫"这个词，在中国古代社会中专指普通平民男子，而匹夫之勇这个成语带有贬义的色彩，意思是逞强斗狠、不计后果地蛮干。据《孟子·梁惠王下》记载，有一次齐宣王对孟子说："我有个毛病就是喜欢'勇'。"孟子听了这话后心想："人君不可无勇。""勇"并不是坏毛病，问题在于如何正确地看待"勇"，于是便回答说："勇，有小勇、大勇之别，希望大王不要好小勇，而要养大勇。"

那么，什么是小勇，什么是大勇呢？孟子说，像一个人手握利剑，瞪大眼睛，高声吼道："谁敢抵挡我！"这就是匹夫之勇，是只能对付一人的小勇。而当国家面临强敌和霸权时，像周文王周武王敢于一怒而率众奋起抵抗，救民于水火之中，所谓"文王一怒而安天下之民"。这就是大勇。

从孟子的这段话中可以看出，匹夫之勇是无原则的冲动，是只凭拳头和武力的血气之勇。而大勇则是孔子所说的义理之勇，也就是基于正义的勇敢；只要正义存于我方，对方即使有千军万马，也会勇往直前，大义凛然，无所畏惧。

北宋著名文学家苏轼，在他的《留侯论》一文中，进一步发挥了孟子的这个观点。文中写道："匹夫见辱，拔剑而起，挺身而斗，此不足为勇也。天下有大勇者，卒然临之而不惊，无故加之而不怒。此其所挟持者甚大，而其志甚远也。"

这段话的意思是说，在面临侮辱和冒犯时，一般人往往会一怒之下，便拔剑相斗。这其实谈不上是勇敢。真正勇敢的人，在突然面临侵犯时，总是镇定不惊。而且即使是遇到无端的侮辱，也能够控制自己的愤怒。这是因为他的胸怀博大，修养深厚。

匹夫之勇既是血气之勇，表现出来的就是无容人之量，易怒。易怒，也容易造成不良后果。

怒，对于同学、同事、朋友来说，是割断友谊纽带的利刃；对家庭亲人来说，是毒化亲情血缘的砒霜。

怒，对于手握军政大权的官员来说，往往是"小不忍则乱大谋"，甚至有时就意味着战争和动乱。

春秋时，越王勾践被吴王夫差打败，在吴国囚禁三年，受尽了耻辱。回国后，他决心自励图强，立志复国。

十年过去了，越国国富民强，兵马强壮，将士们又一次向勾践来请战："君王，越国的四方民众，敬爱您就像敬爱自己的父母一样。现在，儿子要替父母报仇，臣子要替君主报仇。请您再下命令，与吴国决一死战。"

勾践答应了将士们的请战要求，把军士们召集在一起，向他们表示决心说："我听说古代的贤君不为士兵少而忧愁，只是忧愁士兵们缺乏自强的精神。我不希望你们不用智谋，单凭个人的勇敢，而希望你们步调一致，同进同退。前进的时候要想到会得到奖赏，后退的时候要想到会受到处罚。这样，就会得到应有的赏赐。进不听令，退不知耻，会受到应有的惩罚。"

到了出征的时候，越国的人都互相勉励。大家都说，这样的国君，谁能不为他效死呢？由于全体将士斗志十分高涨，终于打败了吴王夫差，灭掉了吴国。

我们知道，项羽虽然是一个失败的英雄，但是司马迁却称赞他说："当年秦国政治腐败，百姓纷纷起来反抗，项羽在陈涉这个地方领军对抗，前后只花了三年时间，就把秦国灭掉，然后将得来的天下分封给各王侯贵族，成为称雄一方的霸主，虽然最后他失去了霸主的地位，但是他的功绩伟业，近古以来还没有人能做到。"

而刘邦做了皇帝以后，在洛阳宫摆设筵席宴请群臣的时候说："我之所以能成功，顺利取得天下，是因为能够知道每个人的特长，并且也懂得如何让他发挥长处。"然后他问韩信对自己的看法。韩信回答说："大王您很清楚自己各方面的才能与长处，因此您其实心里明白，说到机智与才华，其实是不如项王。不过我曾经当过他的部下一段时间，对于他的性情、作风、才能，了解得比较清楚。项王虽然勇猛善战，一人可以压倒几千人，但是却不知道如何用人，因此一些优秀杰出的贤臣良将虽然在他手下，可惜都没能好好发挥各自的专长。所以项王虽然很勇猛，却只是匹夫之勇，做事不懂得深谋远虑、三思而行。而大王任用贤人勇将，把天下分封给有功劳的将士，使人人心悦诚服，所以天下终于成为大王您的。"

所以，无论做什么事，都不要逞匹夫之勇，也只有这样才能更好地保护自己。革命导师列宁在上班途中碰到劫匪，不假思索地把钱交给了匪徒，全身而走。伟人们遇到"屋檐"，还知道暂时低头，我们这些俗人何必为逞匹夫之勇而遭罪呢？

水往低处流，那是一种迂回和策略，正因为水肯于在大山的阻隔下改道，最终才会赢得"青山遮不住，毕竟东流去"的胜利。先发制人固然快意，后发制人则更加有力。"小不忍则乱大谋"，为了大谋，就要忍得眼前的羞辱，"留得青山在，不怕没柴烧"。

自古以来，一气之下，不自量力，做出傻事、铸成败局的事例不计其数，韬光养晦才是出奇制胜的良策。

看过电视剧《汉武大帝》的人都知道，匈奴之患一直是古代中国的梦魇，西汉初期国弱民贫，面对匈奴步步进逼和挑衅，暂且忍气吞声，以和亲等安抚政策与之周旋，同时加紧富国强兵，直到汉武帝时期，西汉王朝的强盛已是如日中天，终于到了出兵时机，卫青、霍去病率大军穿草原、跨沙漠，万里征战十余年，将匈奴绞杀得元气尽丧，至此，匈奴之患基本从中国历史上消失。如果汉初就与匈奴硬拼，恐怕灭掉的不是匈奴而是大汉了。

匹夫之勇是一种盲动冒进；英雄之忍是一种战术迂回。避其锋芒，韬光养晦，才能积蓄力量，把握战机，后发制人。英雄之忍可以成大事，匹夫之勇只会贻笑大方。面对无端的责难，面对百般的嘲讽，面对不平的待遇，面对一切我们难以忍受的苦楚，发扬流水不争先之隐忍精神，多一些理智，少一些鲁莽，走好人生的每一步，步步为营，招招制胜！

4. 最大的好处，也许是最深的陷阱

生活中，诱惑是无处不在的。臣服于诱惑将给我们造成不幸与灾难。认清诱惑，经常性地进行自我盘点，和诱惑保持足够的安全距离，才能保证健康的自我发展空间。

现实生活中，我们需要有一种放弃的清醒。在物欲横流、灯红酒绿的今天，摆在每个人面前的诱惑实在太多，特别是对有权者来说，可谓"得来全不费工夫"。这就需要保持清醒的头脑，勇于放弃。如果抓住想要的东西不放，甚至贪得无厌，就会带来无尽的压力和痛苦不

安，甚至毁灭自己。

人生总会面临许多诱惑，它之所以称为诱惑，是它对人具有巨大的吸引力，动摇人们的意志，使人们做出违背自己意志的选择。

某大公司准备以高薪聘用一名司机，经过层层筛选和考试之后，只剩下三名技术最优良的竞争者。主考者问他们："悬崖边有块金子，你们开着车去拿，觉得能距离悬崖多近而又不至于掉落呢？"

"二米。"第一位说。"半米。"第二位很有把握地说。

"我会尽量远离悬崖，越远越好。"第三位说。

结果这家公司录取了第三位。理由是："不要和诱惑较劲，而应离得越远越好。"

像幸运与灾难一样，诱惑在人的生活中也扮演了它的一个角色。诱惑是无处不在的。职场中，诱惑以更多的面目出现，如金钱、名誉、身份、地位、不能兑现的谎言等。臣服于诱惑将给我们的职业生涯和人生造成不幸与灾难。认清诱惑，经常性地进行自我盘点，和诱惑保持足够的安全距离，才能保证健康的自我发展空间。

因此，我们一定要学会扔东西。有许多念头和情感是有毒的，像牛蒡草一样黏在你身上，像蜜蜂一样刺你。一个智者说："浮荡的生活如同在地狱里，而有定向的生活则如同在天国里。"不要随意放纵自己，不要轻易向各种诱惑低头，坚持自己的方向与计划，管理好自己的人生。否则，你很可能随波逐流，贪图眼前的一点点安逸享受，而损失掉生活中真正的财富。

野兔是一种十分狡猾的动物，缺乏经验的猎手是很难捕获它们的。但是一到下雪天，野兔的末日就到了。因为野兔从来不敢走没有自己脚印的路。当它从窝中出来觅食时,它是小心翼翼的,一有风吹草动,它就逃之夭夭。但走过长长的一段路后,如果是安全的,它返回时也会按着原路退回。

猎人就是根据野兔的脾气,只要找到野兔在雪地里留下的脚印,然后做一个机关,然后恢复表面的形状,第二天早上就可以去收获猎物了。

兔子致命的缺点就是它太相信自己走过的路。

我们有时会遇到别人的甜言蜜语,别人所给予种种好处的情况。甜言蜜语使人十分舒适,而种种好处更使人陶醉。然而,最甜蜜的举止,也许是最毒的药物。最大的好处,也许是最深的陷阱。

5. 忘掉辉煌,才能重新创造奇迹

世间万物,没有绝对的、永远的第一,过去辉煌并不代表永远辉煌。假如一个人不往前行走,便只能留在原地,甚至还会倒退。这就好比乌龟与兔子赛跑,当兔子遥遥领先时,假如它就此满足,那么就会有无数个乌龟不断超过兔子。所以说,只有不断地超越,才能不被淘汰,只有忘掉过去所创造的辉煌,才能重新塑造奇迹。

大宇集团曾是韩国最著名的企业。当年,大宇集团的总裁金宇中从4000美元起家,在短短10年的时间里创造了超过700多亿美元的总资产,其公司在世界跨国企业中排名第115名。可是谁都没有想到,如今大宇集团旗下的分公司纷纷倒闭，集团本身也因资不抵债而宣布破产。

中国有句古话叫：瘦死的骆驼比马大。这么庞大的一个集团，怎么说倒下就倒下了呢？为什么前后之间会有如此之大的反差呢？究竟是什么原因导致这样的结果呢？

原来，金宇中在成功后，自以为是、骄傲自满、独断专行，而且做事从来不考虑周全。在开发分公司时，他也不顾全公司的大局，大量消耗人力、物力与财力，盲目地扩张分公司。这样的结果是，使旗下的分公司一度达到600多个，由于分公司过多，使整体企业陷入资金周转困难等一系列问题，以至于到最后发展到无法收拾的地步，最终宣告破产。

在如今激烈竞争的商业经济社会大战中，类似于大宇集团这样的事例是举不胜举，如巨人、南德、三株等国家级知名企业，有哪个不是曾经风靡一时，他们集团的领导人一度被誉为商业界的"商业神话"。结果，个个都是好景不长，直到销声匿迹，再也寻找不到它们的踪迹。它们有一个共同的特点，那就是都沉醉于过去的辉煌中，以至于看不清现在的形势，结果一步步走向了深渊。

一位商界名人曾经说："当别人把你当成英雄的时候，你千万别把自己当成英雄。"是的，没有人会是一辈子的英雄，最辉煌的时候也就是最危险的时候，倘若被眼前的利益所蒙蔽，自认为能力不错，没有什么事情不能成功，那么事实就会告诉你：你的想法是错误的。因此，想在商战中做一个长久不败的将军，就不能在成功时骄傲自满、盲目自信、松懈怠慢。

不管曾经有过多么辉煌的成就，也千万不要产生"自己就是第一"的想法。在这个世界上，根本不存在永远的第一，你只有不断地完善自己，精益求精，才能拥有属于自己的成就，做自己心中的第一。

乔丹，NBA篮球界的一个奇迹，他是全世界人们最为耳熟能详的篮球运动员，曾经获得个无数个辉煌的成绩。那么，他是如何从一个名不见经传的普通球员，成长为国际明星的呢？

在乔丹还是个不太知名的普通球员时，有一次，他所在的队取得了一场比赛的胜利，和同伴们一样，乔丹也沾沾自喜地畅说着内心的喜悦之情，而一旁的教练却显得相当冷静。他把乔丹叫到一旁，用十分严肃的口气对他说："你是一个优秀的队员，可是在今天的比赛场上，我不得不说你发挥得极差，完全没有突破自己，你离我想象中的乔丹还差很远。你要想在美国篮球队一鸣惊人，必须时刻记住——要学会自我淘汰，淘汰掉昨天的你，淘汰自我满足的你，否则你就不会有寻求完善的心……"

听了教练的话，乔丹惭愧极了，他将这些话铭记于心，时刻激励着自己。在不懈的努力下，乔丹的球技得到了迅速的提升，他终于挺进了芝加哥公牛队。后来，他又成为全美国乃至全世界家喻户晓的"飞人"。日后，乔丹曾多次表示过，自己取得的成绩离不开教练当初的那一席话，是教练让他明白必须忘记过去的辉煌，才能更加集中精力应对眼前的事情。即便在他已经成为篮球巨星的时候，依然不忘用当初的那些话来提醒自己。

乔丹的成功，正是因为他不断地进行自我淘汰，从而不断地完善自我，走向一个又一个辉煌。失败不是成功的最大敌人，自满才是。假如人不自满，成功会成为你如影随形的朋友。要将他人的称赞视作鼓励，但这并不等于自己就像所鼓励的话一样，可以得到一百分，得到成功。自满的人的路是短的，因为当别人还在继续向前跑的时候，他却以为已经到达终点了，完全不知道自己已经被抛在后面了。所以，我们要做的，也是最不容易做到的，就是狠心地把自满淘汰，把沉浸在昔日辉煌成就中的心淘汰掉，不断地为自己充电，使自己能够有足够的资本再造辉煌。

"每天淘汰自己，不断地自我更新，自我挑战"，世界首富比尔·盖茨就是靠这样的精神与信念获得了今天的成就。他没有因为有了世界首富的光环就满足于现状，在他的理念中，与其接受竞争对手挑战或者被取代，不如先自我淘汰。聪明的人会最先掌握这种通向成功的有力法宝，明智地与时代并进，做行业的主流。

6. 敢于拒绝，必要时学会说"不"

拒绝别人的要求确实是件不容易的事，大家都有体会。因为每个人都有自尊心，希望得到别人的重视，同时也不希望别人不愉快，因而，也就难以说出拒绝的话了。但是，你应该想一想，倘若答应对方的要求，将会给自己带来很多不必要的麻烦，那么，就应该拒绝，而不要为了面子问题，做出违心的事来。

在生活中，我们要学会拒绝别人过分的要求、无理的纠缠、恶意的怂恿、各种布满陷阱的诱惑……拒绝一切应该拒绝的东西。这能使我们剔除懦弱和优柔寡断，使我们学会坚强和刚毅果敢，使我们更加坚韧，我们的心会更明、眼更亮、路更宽！

对于一些不情愿的事情，一定要果断拒绝。说"不"是你的权利，如果你不懂得利用这个权利，就往往会陷自己于不仁不义中，双方都难以接受它造成的后果。

英国作家毛姆在小说《啼笑皆非》中讲过这么一段耐人寻味的故事——一位小人物一举成为名作家了,新朋老友纷纷向他道贺,成名前的门可罗雀同成名后的门庭若市形成了鲜明的对比。

毛姆为我们描写了这样一个场面:一位早已疏远的老朋友找上门来,向他道贺,怎么办呢?是接待他还是不接待他?按照本意,自己实在无心见他,因为一无共同语言,二来浪费时间,可是人家好心好意来看你,闭门不见似乎说不过去。于是只好见他了。见面后,对方又非得邀请他改日到他家去吃饭。尽管他内心一百个不乐意,但盛情难却,他不得不伪装愉悦地应允了。在饭桌上,尽管他没有叙旧之情,可是又怕冷场,于是又得强迫自己无话找话。这种窘迫相可想而知……来而不往非礼也,虽然他不再愿意同这位朋友打交道,但他还是不得不提出要回请朋友一顿。他还得苦心盘算:究竟请这位朋友到哪家饭店合适呢?去第一流的大酒店吧,他担心他的朋友会疑心自己是要在他面前摆阔;找个二流的吧,他又担心朋友会觉得他过于吝啬……

面对别人的请求,当你有时间,并且有能力的时候,不要轻易拒绝。但是没有人是万能的,当你真的力所不能及的时候,就不要碍于面子,不好意思说"不"了。试想一下,如果硬撑着答应,将来误了事儿,那才不好收场。

工作中,领导让你做某事时,你要认真地考虑好,这件事自己是否能够胜任。把自己的能力与事情的难易程度以及客观条件是否具备结合起来考虑,然后再决定是否去做。

孙刚刚到某中学任教,正巧赶上市教委到该校抽人,拟对全市中学进行实地考察,并要求写出调查报告。因孙刚还没有安排授课,就抽了他去。起初，他感觉为难，心想自己不仅对本市中学教育情况不熟悉，就是对教育工作本身，自己刚刚走出校门，又能知道多少呢？他本不想参加，无奈校长已经开口，实在不好拒绝，只好勉强服从。

转眼间，一个半月过去了，别人都按分工交了调查报告，唯有他一个人，由于不熟悉情况，又缺乏经验，对自己分工调查的三个中学连情况都没摸清，更不用说分析了。市教委主任很恼火，责备该校校长怎么推荐这么一个人。孙刚面子受不了，又气又羞愧，一下子病倒了，在床上躺了两个星期。

孙刚由于当初不好意思拒绝，最终面子难保，身心都受到了伤害。作为下级，往往在领导提出要求时，虽然不乐意，却不好意思拒绝，但是你没有考虑到，如果为了一时的情面接受自己根本无法做到的事，一旦失败了，领导不会考虑你当初的热忱，只会以这次失败的结果对你进行评价。如果你认为对上级拜托你的事儿不好拒绝，或者害怕因拒绝引起领导不高兴而接受下来，那么，此后你的处境就会更艰难。

每个人的能力都是有极限的，我们并不是万事皆能的全才，覆水难收，话一出口就没有挽回的余地，后果就需要自己去承担。一旦失利，失去的不仅是做成这件事的机会，还有他人对你的信任。试想一下，一个只会说不会做的人，谁会喜欢？因此，当遇到他人的请求时，不要把话说得太满，要给自己一个回旋的余地。

拒绝别人的要求确实是件不容易的事，大家都有体会。央求人固然是一件难事，而当别人央求你，你又不得不拒绝的话，也是叫人头疼的。不过，当你经过深思熟虑，倘若答应对方的要求将会给你或他带来伤害，那么就应该拒绝，而不要为了面子问题，做出违心的事来，结果对双方都没有益处。

当然了，拒绝是相当重要却又不太容易的课题，有人喜欢你直截了当地告诉他拒绝的理由,有人则需要以含蓄委婉的方法拒绝,各有不同。

下面的一些小技巧希望对你有所帮助。

(1)在很多时候,想拒绝别人的时候,你只要简单地说一句"我实在有更要紧的事要做",就可得到绝大多数人的谅解。如果你总做出违心的决定,那将令周围的人无法容忍。你既失了自我本色,也耽误了别人。

(2)不要立刻就拒绝他人的请求。立刻拒绝会让人觉得你是一个冷漠无情的人,甚至觉得你对他有成见,一旦有了这样的误解,无疑对双方的关系是致命打击。

(3)对于一些对方不急着要求答复或是承办的事情,可以采取暂时不予答复的方法。当对方提出要求时,你迟迟没有答应,只是一再表示要研究研究或考虑考虑,那么聪明的对方马上就能了解你是不太愿意答应的。但无论如何,仍要以谦虚的态度,别急着拒绝对方,仔细听完对方的要求后,如果真的没法帮忙,也别忘了说声"非常抱歉"。

(4)尽量以非个人原因作为拒绝的借口。

(5)用最委婉、和气的方式来表达你的不同意见。傲慢无情的拒绝易招来怨恨,对人脉资源的积累绝没有好处。所以,当真正有不得已的苦衷时,如能委婉地说明,以婉转的态度拒绝,以和气的方式表达不同的意见,别人还是会感动于你的诚恳,对你的情况给予谅解的。

拒绝是一门艺术,更是一种智慧。懂得适时地拒绝别人,才是成熟的开始!

7. 不要两次走进一条死胡同

正如那句谚语所说，一只狐狸不能以同样的陷阱捉它两次，驴子绝不会在同样的地点摔倒两次，只有傻瓜才会第二次跌进同一个池塘。

世界上没有一个人能保证自己永远不犯错误。对于社会中的每一个人来说，我们应当牢记的一个法则是：不要犯同样的错误。任何人都难免犯错误，世界上可能不存在不犯错误的人，聪明的人能够吸取上一次的教训，为防止下一次挫败做好准备；愚蠢的人并不能这样做，仍然在犯与第一次相同的错误。所谓"吃一堑，长一智"，我们应该从错误中吸取教训，确保下一次不再犯同样的错误，人们不应该两次走进同一条死胡同。

有一次，一个猎人捕获了一只能说90种语言的鸟。

这只鸟说："放了我，我将告诉你三条忠告。"

猎人回答说："先告诉我，我保证会放了你。"

鸟说道："第一条忠告是：做事后不要懊悔。"

"第二条忠告是：如果有人告诉你一件事，你自己认为是不正确的就不要相信。"

"第三条忠告是：当你爬不上去时，别费力去爬。"

讲完这三条忠告之后，鸟对猎人说："现在你该放了我吧。"猎人依照刚才所说的将鸟放了。

这只鸟飞起后落在一棵高树上，它向猎人大声叫道："你放了我，你真愚蠢。但你并不知道在我的嘴中有一颗十分珍贵的大珍珠，正是这颗珍珠使我这样聪明。"

这个猎人很想再次捕获这只放飞的鸟，他跑到树跟前并开始爬树。但是当爬到一半的时候，他掉了下来并摔断了双腿。

鸟嘲笑他并向他叫道："傻瓜！我刚才告诉你的忠告你全忘记了。我告诉你一旦做了一件事情就别后悔，而你却后悔放了我。我告诉你如果有人对你讲你认为是不可能的事，就别相信，但你却相信像我这样一只小鸟的嘴中会有一颗很大的宝贵珍珠。我告诉你如果你爬不上某东西时，就别强迫自己去爬，而你却追赶我并试图爬上这棵大树，还掉下去摔断了双腿。"

"这句箴言说的就是你：'对聪明人来说，一次教训比蠢人受一百次鞭挞还深刻。'"

说完鸟就飞走了。

这则故事的寓意可谓深刻至极。同样，无论是在生活中还是在工作中，我们经常听到别人的忠告，有时自己也会对别人提出忠告。忠告一般都是从经验教训中总结出来的，目的就是为了避免下一次的错误。因此，我们应该从自己成功与失败的经历中得出经验教训，然后根据实际情况灵活运用，避免犯同样的错误。

卡恩的档案柜中有一个私人档案夹，标示着"我所做过的蠢事"。夹中插着一些他做过的傻事的文字记录。

每次卡恩都会拿出那个"愚事录"的档案，重看一遍对自己的批评，这样可以帮助他处理最难处理的问题，管理他自己。

下面是一则关于一位深谙自我管理艺术的人物——豪威尔的故事。

他是美国财经界的领袖，曾担任美国商业信托银行董事长，还兼任几家大公司的董事。他受的正规教育很有限，在一个乡下小店当过店员，后来当过美国钢铁公司信用部经理，并一直朝更大的权力地位迈进。

豪威尔先生讲述他克服危机的秘诀时说："几年来我一直有个记事本，记录一天中有哪些约会。家人从不指望我周末晚上会在家，因为他们知道，我常把周末晚上留作自我省察，评估我在这一周中的工作表现。晚餐后，我独自一人打开记事本，回顾一周来所有的面谈、讨论及会议过程。我自问：'我当时做错了什么，有什么是正确的，我还能做些什么来改进自己的工作表现，我能从这次经验中吸取什么教训？'这种每周检讨有时弄得我很不开心，有时我几乎不敢相信自己的莽撞。当然，年事渐长，这种情况倒是越来越少，我一直保持这种自我分析的习惯，它对我的帮助非常大。"

豪威尔的做法值得我们每一个人学习，睿智的人知道，不吸取教训，不改正错误，是成不了大业的。

一般人常因他人的批评而愤怒，有智慧的人却想办法从中学习。诗人惠特曼曾说："你以为只能向喜欢你、仰慕你、赞同你的人学习吗？从反对你的人、批评你的人那儿，不是可以得到更多的教训吗？"

与其等待敌人来攻击我们或我们的工作，倒不如自己动手。我们可以是自己最严苛的批评家。在别人抓到我们的弱点之前，我们应该自己认清并处理这些弱点，及时完善自己虽然不能保证百战百胜，但至少可以避免敌人用同样的手法轻易地击败自己。

8. 交朋友要懂得取舍

子曰:"益者三友,损者三友,友直,友谅,友多闻,益矣。友便辟,友善柔,友便佞,损矣。"朋友的品质如何,对一个人的影响是极其巨大的。结交一个好朋友,会终生受益;结交一个坏朋友,不仅贻害无穷,而且很有可能造成无法弥补的损失。因此,一定要结交品德高尚的朋友,于己于社会都是有利无害的。

东汉末年,华歆和管宁原是两个好朋友。有一天,两朋友在一起锄地。忽然,管宁挖出了一块金子,他却视而不见。而华歆看见后,就急忙拾了起来,据为己有。过了些时日,又一天,两朋友在一起席地而坐读书。管宁全神贯注地读着,两耳不闻窗外事。而华歆心不在焉,左顾右盼,抓耳挠腮,刚好此时,有一官吏乘着华丽的马车从门前经过,管宁不为所动,仍在读书,华歆却随手扔下书本,前去看热闹。等到华歆看完热闹回来的时候,发现本来一张好好的席子被从中割断了,管宁对华歆说:"你不是我的朋友,我们还是分开坐吧。"

这就是"割席而坐"的来历。通过这两件事,管宁看出华歆与自己的品格完全不同,于是便割席而坐,毅然与之绝交了。

管宁和华歆的故事,并不是高洁的人与庸俗的人的故事。他们俩的故事,只是人生趣味的不同,这里面不涉及大道理,更不能上升到人品的优劣。做不成朋友也没什么可惜的。只不过,如果两个志向不同、趣味不同的人还是在一起,那么不论两个人做出什么决定,难免会受到对方的干扰,想坚持自己的想法就很麻烦了。

所以说，结交朋友要懂得取舍。

交朋友是很复杂的，了解一个人并不是一件简单的事。但只要我们注意观察，就可以通过一个人的喜好了解他的素质、修养和品德。

每个人都有一种了解别人的愿望。因为只有了解别人之后，你才能在交友时有所选择。

物以类聚，人以群分。只有性情相近、意气相投的人，才能走到一块儿成为朋友。如果他的朋友都是一些不三不四、不伦不类的人，他的素质也不会太高；如果他结交的都是些没有道德修养的人，他自己的修养也不会太好。有的人交朋友以性格、脾气取人，认为能说到一块儿就是朋友；有的人则以追求取人，有相同的追求就能成为朋友；有的人则因为爱好相同而走到一起。但无论如何，只有两个修养相当、品质差不多的人才能成为朋友。所以，了解一个人的朋友也就了解了这个人。

想了解一个人，还可以观察他是怎样对待别人的。

人在得意时，特别爱诉说他与别人在一起交往的情景，他说的时候是无意的，不会想到他与被说人有什么关系，所以一般比较真实。如果对方当着你的面说自己如何占了别人的便宜，如何欺骗了对方，等等，那你以后就得对他防着点儿，有可能他也会这么对待你。

还有一种人比较圆滑，好像很会处世似的。他们往往是当面一套，背后一套。当着你的面说你如何如何好，别人如何如何不好。聪明的人就得注意这种人了，因为他在背后说别人坏话，就有可能在你背后说你坏话。

而有一种人可能当面批评你，指出你的缺点来，却又在你面前夸奖别人的优点，你也许不愿接受他这种直率，但这种人却是非常可信赖的人。

另外，看一个人如何对待妻子、儿女、父母，就可以分析出这人是否有责任感，是否自私。

你可以通过他是否按时回家，有急事时是否想着通知家人，说起家人时感觉是否很亲切，等等，从这些细节可以看出他对家人的态度。一个不把家人放在心上的人是不会把朋友放在心上的。这种人往往心里只装着自己，只关心自己的得失安危，根本就不会想到朋友。所以要注意尽量不要与那些没有家庭观念的人结交。

人与人的主张和追求不同，是不会在一起合作的，更不会成为朋友。人生得一知己足矣，知己就是志同道合者，否则，即使成为朋友，也难以长久。因此，交朋友一定要交心。

西汉哲学家扬雄说："朋而不心，面朋也；友而不心，面友也。"貌合神离的朋友是不宜交的。

孟子说："友也者，友其德也。"交朋友，从某种意义上说，就是交品德。

第八章

恃才不傲，
得理也要让三分

1. 功高之时莫要忘记别人

许多人很有才能，当看到自己辛勤的劳动成果被别人冒名窃取时，自然会气愤非常，可是这个人偏偏可能是自己的领导，于是抑郁难平。他们却没有想过，如果自己过分耀眼，功高盖主，也未必是一件好事。

吕不韦是阳翟的大商人，他往来各地，以低价买进，高价卖出，所以积累起巨额家产。秦昭王四十年，太子去世。过了两年，昭王立安国君为太子。安国君有二十多个儿子，他有个非常宠爱的妃子，被立为正夫人，即华阳夫人，华阳夫人却没有儿子。安国君有个儿子名叫子楚，被作为秦国的人质派到赵国。由于秦国多次攻打赵国，赵国对子楚也不以礼相待。

子楚在赵国生活十分困窘，很不得意。吕不韦到赵国都城邯郸做买卖，结识了子楚。他明白，子楚肯定是因为不被喜爱才被送往赵国做人质。按照一般的商人思维，对这样的人投资是毫无价值的，顶多给他一点好处，也许他哪天撞上了好运，侥幸回到秦国当了一国诸侯，以后见面也可以给点照应。

但是吕不韦并不这样看。他觉得子楚最大的政治优势就是他的父亲是太子安国君，虽然安国君有众多子女，子楚又不被喜欢，但是他毕竟是安国君的亲生儿子，他是有希望成为秦王的。这就是这个人最大的投资价值。吕不韦于是问父亲："耕田之利多少倍？"父亲答道："十倍。"吕不韦再问："珠玉之利多少倍？"父亲答道："一百倍。"吕不韦接着问："如果立主定国，那么利益又是几倍？"父亲很惊异地说："如果能这样，利益当然是无数倍。"于是吕不韦认定子楚奇货可居。

于是他就前去拜访子楚,为子楚出谋划策,他对子楚说:"秦王已经老了,安国君已经被立为太子。我听说安国君非常宠爱华阳夫人,能够选立太子的只有一个华阳夫人,但华阳夫人没有儿子。现在您的众多兄弟中,您排行中间,而且不受秦王宠幸,长期被留在赵国当人质,即使哪天秦王驾崩,安国君继位为王,您也不要指望同你的兄弟们争继承人之位。"子楚一听,便问吕不韦该怎么办。吕不韦说:"您现在生活十分困窘,又长期客居在此,拿不出什么东西来献给亲长,结交宾客。我虽然也不是很富有,但愿意拿出千金来为你西去秦国游说,侍奉安国君和华阳夫人,尽力让他们立您为继承人。"子楚于是叩头拜谢道:"如果真有那么一天,我愿意将秦国的土地与您共享。"

吕不韦于是拿出五百金送给子楚,作为交结宾客之用,又拿出五百金买了一些珍奇玩物,自己带着西去秦国游说。吕不韦将所有宝物都献给了华阳夫人,顺便谈及子楚聪明贤能,所结交的诸侯宾客遍及天下,而且常常把夫人看成天一般,日夜哭泣思念父亲和夫人。

华阳夫人一听十分高兴。吕不韦又让人劝说华阳夫人道:"我听说用美色来侍奉男人的,一旦色衰,宠爱也就会随之减少。现在夫人您侍奉太子,甚被宠爱,但没有儿子。不如趁这个时候早一点在太子的儿子中结交一个有才能而且孝顺的人,立他为继承人而又像亲生儿子一样对待他,那么,丈夫在世时受到尊重,丈夫死后,自己的儿子又能继位为王,始终也不会失势……现在子楚贤能,而且自己也知道排行居中,按次序是不可能被立为继承人的,而且他的生母不受宠爱,于是他只有主动依附于夫人,夫人如果能在这个时候提拔他为继承人,那么您一生在秦国都会受到尊崇。"华阳夫人一听觉得十分有道理,于是便向太子提议立子楚为继承人,太子答应。

吕不韦又选了一位美貌女子送给子楚,这个女子为子楚生了个儿子,叫嬴政,这就是日后的秦始皇。

不久子楚和吕不韦密谋，逃回了秦国，而将妻子和儿子留在了赵国。又过了几年，秦昭王去世，太子安国君继位为王，华阳夫人为王后，子楚为太子。安国君继位不久就去世了，子楚即位，他就是庄襄王。庄襄王任命吕不韦为丞相，封为文信侯，把河南洛阳十万户作为他的食邑。

庄襄王即位三年之后死去，太子嬴政继立为王，尊奉吕不韦为相国，称他为仲父。吕不韦权倾朝野。

当时魏国有信陵君，楚国有春申君，赵国有平原君，齐国有孟尝君，他们都礼贤下士，结交宾客，并且都极力在这方面争个高低上下。吕不韦认为秦国如此强大，也应该在这方面超过他们。于是他召集了许多文人学士，给他们十分好的待遇，门下食客多达三千人。吕不韦组织自己的食客编了《吕氏春秋》，名闻天下。

秦王嬴政逐渐长大，渐渐对朝政有了自己的主见，但吕不韦仍然把持着朝政，君权和相权的矛盾开始激化。后来秦始皇终于找到个理由，将吕不韦罢免，让他回到自己河南的封地去。

又过了一年多，各国的宾客使者络绎不绝，前来问候吕不韦。秦王嬴政怕他发动叛乱。于是写信给吕不韦说："你对秦国有什么功劳？秦国已经封你在河南，食邑十万户。你和寡人又有什么血缘关系而号称仲父？现在命令你和家属都一概迁到蜀地去居住！"吕不韦一看就明白自己已经逐渐被逼迫，害怕日后被杀，于是就喝下毒酒自杀。

历史上对吕不韦并没有多少好评，但是对他卓绝的经商头脑确实赞叹不已，尤其是他所认定的"奇货可居"，正说明了吕不韦这个人眼光十分敏锐，而且看得长远。

但是吕不韦唯一看不长远的是，他没有看到自己干涉了一个英明国君的成长，他已经权倾朝野，还要著书立说，求得盛名，更不为秦王嬴政所容。后世很多人猜测吕不韦之所以没有反叛嬴政，是因为嬴政是他的私生子。吕不韦和嬴政不管是不是父子关系，他们的矛盾最终是要激化的。因为他们两个人都是十分强硬的人。而最终会采取极端行动的必然是嬴政，因为吕不韦功成之后还居高位，功高盖主，不知道自我保全。

功高盖主而不自省，即便是再显赫的人，最终也会受制于人，成为过眼云烟。今日的骄横只会换来明日的妥协，给自己带来杀身之祸。所以，功高之时莫要忘记别人，更莫要忘记低调。

2. 学会恰到好处地把功劳让给上司

不要以为自己立了功，就有了讨好上司，固宠求荣的法宝和资本。事实上，立了功其实是很危险的事情。要不历史上怎么有那么多人，功成就身退了呢？立了功，的确说明你是有才华、有智慧的，可是你绝对不能居功自傲，独享荣誉，而要恰到好处地把功劳让给上司。

三国末期，西晋名将王浚于公元280年巧用火烧铁索之计，灭掉了东吴。三国分裂的局面至此结束，国家又重新归于统一，王浚的历史功勋是不可埋没的。岂料王浚克敌制胜之日，竟是受谗遭诬之时。安东将军王浑以不服从指挥为由，要求将他交司法部门论罪，又诬王浚攻入建康之后，大量抢劫吴宫的珍宝。

这不能不令功勋卓著的王浚感到畏惧。当年，消灭蜀国，收降后主刘禅的大功臣邓艾被谗言构陷而死，他害怕重蹈邓艾的覆辙，便一再上书，陈述战场的实际状况，辩白自己的无辜，晋武帝司马炎倒是没有治他的罪，而且力排众议，对他论功行赏。

可王浚每当想到自己立了大功，反而被豪强大臣所压制，一再被弹劾，便愤愤不平，每次觐见皇帝，都一再陈述自己伐吴之战中的种种辛苦以及被人冤枉的悲愤，有时感情激动，也不向皇帝辞别，便愤愤离开朝廷。他的一个亲戚范通对他说："足下的功劳可谓大了，可惜足下居功自傲，未能做到尽善尽美！"

王浚问："这话什么意思？"

范通说："当足下胜利凯旋之日，应当退居家中，再也不要提伐吴之事，如果有人问起来，你就说：'是皇上的圣明，诸位将帅的努力，我有什么功劳可夸的！'这样，王浑能不惭愧吗？"

王浚按照他的话去做了，谗言果然不止自息。

喜好虚荣，爱听奉承，这是人类本性的弱点，作为一个万人瞩目的帝王更是如此。有功归上，正是迎合了这一点。你想谁不愿意功劳卓著？尤其是作为君主，哪个能容忍臣下的功劳超过自己呢？

龚遂是汉宣帝时代一名能干的官吏。当时渤海一带灾害连年，百姓不堪忍受饥饿，纷纷聚众造反，当地官员镇压无效，束手无策，宣帝派年已70余岁的龚遂去任渤海太守。

龚遂单车简从到任，安抚百姓，与民休息，鼓励农民渔田种桑，经过几年治理，渤海一带社会安定，百姓安居乐业，温饱有余，龚遂名声大振。

于是，汉宣帝召他还朝，他有一个属吏王先生，请求随他一同去长安，说："我对你会有好处的！"其他属吏却不同意，都说："这个人一天到晚喝得醉醺醺的，又好说大话，还是别带他去为好！"龚遂说:"他想去就让他去吧!"

到了长安后,这位王先生终日还是沉溺在醉乡之中,也不见龚遂。可有一天,当他听说皇帝要召见龚遂时,便对看门人说:"去将我的主人叫到我的住处来,我有话要对他说!"

龚遂也不计较一副醉汉狂徒嘴脸的王先生,果真来了。

王先生问:"天子如果问大人如何治理渤海,大人当如何回答?"龚遂说:"我就说任用贤才,使人人各尽其能,严格执法,赏罚分明。"王先生连连摆头道:"不好!不好!这么说岂不是自夸其功吗?请大人这么回答:这不是小臣的功劳,而是天子的神灵威武所感化!"

龚遂接受了他的建议,按他的话回答了汉宣帝,宣帝果然十分高兴,便将龚遂留在身边,任以显要而又清闲的官职。

做臣下的,最忌讳自表其功,自矜其能。凡是这种人,十有八九要遭到猜忌而没有好下场。

当年刘邦曾经问韩信:"你看我能带多少兵?"韩信说:"陛下带兵最多也超不过十万。"刘邦又问:"那么你呢?"韩信说:"我是多多益善。"这样的回答,刘邦怎能不耿耿于怀!

"伴君如伴虎",是古人总结出来的至理名言。懂得如何与领导相处、明哲保身,是非常需要智慧的。一些人自以为有功便忘乎所以,特别容易招惹上司和君上忌恨。把功劳让给上司,才是明智的捧场,是稳妥的自保。在官场上如此,在职场上亦是如此。

高辉很有才气,做起杂志策划编辑很有一套自己的独特角度,因此很受欢迎,有一次还得了创新奖。一开始他还很高兴,但过了一段时间，他却失去了笑容。他告诉一位朋友说，他的上司最近常给自己脸色看。

这位朋友问清楚他的情况后，指出了他犯的错误。原因是这样的：高辉得了创新奖，受到了上级领导的好评，因此除了新闻部门颁发的奖金之外，另外给了他一个红包，并且当众表扬他的工作成绩，并且夸他是块主编的料儿。但是他并没有现场感谢上司和同事们的协助，更没有把奖金拿出一部分请客。遗憾的是，高辉不相信朋友的分析，结果三个月后就因为待不下去而辞职了。

这份杂志之所以能得奖，自然是高辉贡献最大，但是他也不能独享了这份荣誉，这让上司怎么想？自然觉得他目中无人，恃才自傲。其次，高辉的才华也让领导产生不安全感，为了巩固自己的领导地位，高辉自然就没有好日子过了。

与上司相处，一定要在各方面维护他做上司的权威，不要恃才傲物，居功自傲，否则终会成为上司和同事的"眼中钉"。工作中取得了成绩，会给你带来一定的荣耀，但是你一定要把这份荣誉归功于上司，把鲜花让给上司，把众人的目光引到上司身上。否则，若是你抢了上司的风头，后果就严重了。

在现实中，如果你有翘尾巴的嫌疑，就一定要注意以下几点了。

第一，态度上要端正。你要认清形势，无论你的上司多么无能，他就是上司，你就是下属，你不能改变就必须面对。

第二，行动上要低调。将心比心，你也不希望下属的锋芒盖过你吧？所以，不论在公共场合或者私底下，你都要给足上司面子。比如写个报告，做好后可以给上司审阅，让他做些无伤大雅的修改；有上司在的话，别人表扬你的工作不要忘了附带一句，谢谢上司的支持。在大家讨论工作问题时，不要和上司发生激烈的争执，有话可以私底下好好说。

第三，千万不要越级汇报和邀功。这在很多公司都是非常忌讳的。

王凯在销售经理肖金指导下，出了一个20万元的单，该业绩理所当然算作两个人的。但是王凯觉得所有工作都是自己做的，肖金只是在旁边指点一二，根本就没参与！凭什么他把劳动成果占为已有？于是，在愤愤不平之下，王凯给老总发了一封电子邮件说明情况，证明这个单100%是自己做的，跟肖金没关系。老总信了他的话，追加了提成。尽管他的提成增加了，但还是在经理肖金手下干活，从此他的噩梦开始了，肖金动不动就给他小鞋穿，最后王凯不得不辞职了事。

如果你能够做到推恩施惠，相信不仅可以避免功高盖主的定时炸弹，而且能够成为一名卓越的领军人物，因为你抓住了为人处世中最核心的部分。可以说，这是千百年来秘而不宣的潜规则之一。有很多聪明人，因为不明白这一点，最后稀里糊涂地掉了脑袋。也有很多看起来很傻的人，因为明白了这一点，从而在人生中游刃有余，最终成就了自己的事业和一世的美名！

3. 大智若愚，大巧若拙

"君子之心事，天青日白，不可使人不知；君子之才华，玉韫珠藏，不可使人易知。"翻译成白话就是，君子的内心像青天白日一般明朗，光明正大，没有一丝一毫的阴影与黑暗。但他的才华和能力却应该像珠玉一样深深地藏起来，不可轻易向世人炫耀。

世间往往有这样一种奇怪的现象——越是有本事的人，他们往往越低调，看上去就像什么都不会一样。而那些经常显摆自己无所不能的人，到了关键时刻就腿软，其实什么都做不好。

《道德经》中说的"大智若愚，大巧若拙"，听起来好像是让人装笨装糊涂，其实不然，其中有着很深刻的为人处世的道理——隐藏自己的聪明，不做挨打的出头鸟。炫耀自己的人，从来都是优点打折，而缺点却暴露无遗。这个道理看看孔雀开屏就全明白了——孔雀在开屏的时候，在炫耀自己绚烂羽毛的时候，往往也露出了最丑陋的屁股。如果你炫耀自己的聪明，你最愚蠢的一面就呈现在众人面前了。世界就是这样奇妙，当一个美丽的女人炫耀自己的美丽时，她就开始变得丑陋！当一个聪明人炫耀自己的聪明时，他就开始变得愚蠢。

我们可以继续延伸——一个本来很有才华的人，当炫耀自己的才华时，才华就开始变得一文不值了！一切都在悄悄地发生变化，仿佛其中有魔鬼在控制一般。我们每个人都逃脱不了这样的控制，这就是人心的复杂之处。你的态度可以创造一种美丽，也可以毁掉一种美丽。聪明是可以创造和修炼的，而自作聪明也可以变得像粪土一样廉价和令人生厌。

《菜根谭》中有这样一段话："利欲未尽害心，意见乃害心之蟊贼；声色未必障道，聪明乃障道之藩屏。"意思就是说，名利和欲望未必都会伤害自己的本性，而刚愎自用、自以为是的偏见才是残害心灵的毒虫；淫乐美色未必会妨碍人对真理的探求，自作聪明才是修悟道德的最大障碍。在现实中，许多人正是因为急于表现才智，才导致四处碰壁、举步艰难。

有家公司老板，带着三个得力部下去打高尔夫球。前两个部下先打，都表现得十分差劲，第一位只把球打出20米，第二位甚至把球打到了水塘里。老板拿起杆问第三位部下："你能把球打到80米对面的那座斜坡上吗?"这位部下毫不犹豫地回答:"当然能!"说罢"啪"地一杆,球飞出了一道优美的弧线,足足有100米远,完成得十分出色。他得意扬扬地望着老板,可是,看到的却是老板的一张苦瓜脸。

第三位部下根本不理解老板的弦外之音。这种场合,本来是老板满足自己虚荣心,展示领导权威的机会。他却卖弄聪明,还以为能在老板面前讨个头彩,留下好印象,为今后在公司的发展增加筹码。不料正好撞到枪口上,倒霉也是活该!与其说这是聪明有才,倒不如说他蠢笨如牛。在这种场合,他越卖力表现,就越给自己在公司的前途带来不利。

在现实生活中,自作聪明的人到处都是,但成功的人却没有几个。他们炫耀自己的才华和聪明,结果却只落了个颗粒无收的下场,可以说学富五车,但口袋里却空空如也。这是否是上天给予世人的一种警告?

说到这里,你还敢轻视这样的处世法则吗?完全不是耸人听闻,这样的处世法则决定着一个人的命运。一个深谙此道的人,往往能够在不知不觉间获得成功,而不明白其中真相的人,往往一败涂地又不得要领,直到临死的那一天还处于懵懂状态,不知道自己的问题出在哪里。

千万不要做这样的无知者!从今天开始,让自己真正低调起来,从内心里谦逊起来,而不是假装的样子。要知道,假装的低调没用,因为它是一种更加炫耀的姿态。世界上没有谁是傻瓜,没有人是看不出来的。我们需要做到真正的不张扬,真正的谦卑和努力。如果你能够做到这一点,你就能够慢慢变成一个最明智的人,一个有能力改变自己命运的人。

但是,不张扬并非让你不作为,内敛也不是让你将自己锁进大箱子,而是等待最佳时机,然后一鸣惊人。况且,如果没有前期大智若愚的铺垫,一鸣惊人的效果也不会达到,整天忙着表现自己的人,其实永远也不会惊人。

聪明在关键时刻表现出来才会有爆发力，才能引起众人足够的关注，给人留下深刻的印象。那些平时聪明过度的人，他的心思全用在如何吸引大家的眼球上，轻浮冲动、沉不住气，到了紧要关头，反而拿不出让人眼前一亮的东西，于是也就现了原形。

不管是为人处世，还是在工作中，这个道理都是适用的。"立名者，所以为贪"，到处宣扬、生怕别人不知道自己的人，肚子里装的其实全是草；到处卖弄小聪明，显得自己智商很高的人，往往就是我们正在"寻找"的那个超级大笨蛋。碰到这些眉头上刻着"我很聪明"的蠢才，要赶紧离他远点！

4. 低下头去实干，用成绩说服别人

在生活中，我们往往会遇到别人的贬斥或不公平的评论。此时，任何人都不可能心里舒服，于是，心浮气躁者就容易与人发生争执，就算争论成功也只能得到对方口头上的让步。

真正的聪明人却永远都不会采取这种方式来证明自己，而是选择用实际成绩来证明一切。在受到别人质疑的时候暂时沉默，糊涂地对待外界的一切干扰，而暗地积蓄力量以求厚积薄发。

麦克·史瓦拉是美国一名电视节目主持人，他所主持的"六十分钟"是人人乐道的节目。在刚进入电视台的时候，他是一名新闻记者，因口齿伶俐，反应快，所以除了白天采访新闻外，晚上又报道七点半的黄金

档。以他的努力和观众的良好反应，他的事业应该是可以一帆风顺的。

很不幸的是，因为麦克的为人很直率，一不小心得罪了顶头上司新闻部主管。有一次在新闻部会议上，新闻部主管出其不意地宣布："麦克报道新闻的风格奇异，一般观众不易接受。为了本台的收视率着想，我宣布以后麦克不要在黄金档报道新闻，改在深夜十一点报道新闻。"

新闻主管的消息让麦克非常意外，他知道自己被贬了，心里觉得很难过，但他突然想到："这也许是上天的安排，主要是在帮助我成长。"他的心渐渐平静下来，表示欣然接受新差事，并说："谢谢主管的安排，这样我可以利用六点钟下班后的时间来进修。这是我早就有的想法，只是不敢向你提起罢了。"

此后，麦克天天下班之后就去进修，并在晚上十点左右赶回公司准备十一点的新闻。他把每一篇新闻稿都详细阅读，充分掌握它的来龙去脉。他的工作热忱绝没有因为深夜的新闻收视率较低而减退。

渐渐地，收看夜间新闻的观众越来越多，佳评也越来越多。随着这些不断的佳评，有些观众也责问："为什么麦克只播深夜新闻，而不播晚间黄金档的新闻？"询问的信件、电话不断，这引起了总经理的关注。

总经理把厚厚的信件摊在新闻部主管的面前，批评他说："你这新闻主管怎么搞的？麦克如此人才，你却只派他播十一点新闻，而不是播七点半的黄金时段？"

新闻部主管解释："麦克希望晚上六点下班后有进修的机会，所以不能排上晚间黄金档，只好排他在深夜的时间。"

"叫他尽快重回七点半的岗位。我下令他在黄金时段中播报新闻。"

就这样，麦克被新闻部主管又调回黄金时段。不久之后，被选为全国最受欢迎的电视节目主持人之一。

过了一段时间，电视界掀起了益智节目的热潮，麦克获得十几家广告公司的支持，决定也开一个节目，找新闻部主管商量。

积着满肚子怨恨的新闻部主管，板着脸对麦克说："我不准你做！因为我计划要你做一个新闻评论性的节目。"

虽然麦克知道当时评论性的节目争论多，常常吃力不讨好，收入又低，但他仍欣然接受说："好极了！"

自然，麦克吃尽苦头，但他没说什么，仍是全力以赴，为新节目奔忙。节目上了轨道也渐渐有了名声，参加者都是一些出名的重要人物。

总经理看好麦克的新节目，也想多与名人和要人接触。有天他召来新闻部主管，对他说："以后节目的脚本由麦克直接拿来给我看！为了把握时间，由我来审核好了，有问题也好直接跟制作人商量！"

从此，麦克每周都直接与总经理讨论，许多新闻部的改革也有他的意见。他由冷门节目的制作人，渐渐变成了热门人物。由此他也获得许多全美著名节目的制作奖，从而成为家喻户晓的名人。

争论可以给自己带来暂时的失利，但实干所做出的成绩却更具有说服力。所以，我们如果遇到类似麦克·史瓦拉那样的情况，应该心里清楚，却要做一个表面上的糊涂人。用自己的努力去赢得别人的首肯。

孟买佛学院是印度最著名的佛学院之一。这所佛学院之所以著名，除了它的建院历史久远、培养出了许多著名的学者之外，还有一个特点是其他佛学院所没有的。这是一个极其微小的细节，但是，所有进入过这里的人，当他再出来的时候，几乎无一例外地承认，正是这个细节使他们顿悟，正是这个细节让他们受益无穷。

原来孟买佛学院在它的正门一侧，又开了一个小门，这个小门只有一米五高，一个成年人要想过去必须低头而过，否则就只能碰壁了。

这正是孟买佛学院给它的学生上的第一堂课。所有新来的人，教师都会引导他到这个小门旁，让他进出一次。很显然，所有的人都是低头弯腰进出的，尽管有失礼仪和风度，但是却可以使人有所领悟。教师说，大门当然出入方便，而且能够让一个人很体面、很有风度地出入。但是，有很多时候，我们要出入的地方并不都是有着壮观的大门的。这个时候，只有暂时放下尊贵和体面的人，才能够出入。否则，有很多时候，你就只能被挡在院墙之外了。

佛学院的教师告诉他们的学生，佛学的哲学就在这个小门里，人生的哲学也在这个小门里，尤其是通向这个小门的路上，几乎是没有宽阔的大门的，所有的门都是需要弯腰低头才可以进去。

要使自己在人生旅途中一帆风顺，少遇挫折，弯腰、低头是最好的处世方式，对每个人来说这都是一门必不可少的人生功课。而低调做人正是一种必修的人生功课。

无论顺境、逆境，低调一点终归没有害处。倘若你还未学会低头、弯腰通过人生的那道门，碰壁就在所难免。而当你在碰壁了之后才学会弯腰、低头，只怕也已错过了最好的时候。因此，不要等到吃亏了才知道该长一智。

5. 别在失意者面前炫耀你的得意

人生得意须尽欢，如果你正得意，要你不谈论不太容易，哪一个意气风发的人不是如此？所以这种人也没什么好责怪的。但是谈论你的得意时要看场合和对象。

在这个社会上，有些人总喜欢炫耀自己，往往认为自己的学识高人一等。每遇亲朋好友，就迫不及待地大肆吹嘘自己的心得、经验，却不知这样常令一旁的好友不知所措。

举个例子来说，一个擅长做事的人，看到不会做事的人，很可能会揶揄他一番："你的脑子不够用吗？"这话必定不会让他感到愉快的。所以，每逢开口说话，不管是什么内容，都要注意别让别人产生自己被比下去的感觉。

有一天，王强约了几个朋友来家里吃饭，这些人都是他以前的旧友。他把他们聚集在一起主要是想借着热闹的气氛，让一位目前正陷于情绪低潮的李建心情好一点。

不久前李建因经营不善，不得已将公司关闭，妻子也因为不堪现在的生活压力，正与他谈离婚的事，内忧外患，他现在非常的苦恼。

来吃饭的朋友都知道这位朋友目前的遭遇，因此大家都避免去谈与事业有关的事，可是，其中一位因为最近赚了很多钱，酒一下肚，忍不住就开始大谈他的赚钱本领和花钱功夫，那种得意的神情，王强看了都有些不舒服。正处于失意中的李建低头不语，脸色非常难看，一会儿去上厕所，一会儿去洗脸，最后找了个借口提前离开了。

王强送李建到巷口的时候，李建很生气地说："老姜会赚钱也不必在我们面前说嘛！"

王强此时非常了解他的心情，因为在以前他也经历过事业的低潮，正风光的亲戚在他面前炫耀高额的薪水、高档的房子、名贵的汽车，他那种感受，就如同针一根根插在心上一般，要多难过有多难过！

因此，当我们与别人相处时一定要注意，切记不要在失意者面前大肆炫耀你的得意，甚至不要去谈。虽然做起来不太容易，谁不想让别人看见自己的意气风发？但是一定要看场合和对象。

你可以在演说的公开场合谈，对你的员工谈，享受他们投给你钦佩的目光，更可以对路边的陌生人谈，让人把你当成神经病，就是不要对失意的人谈，因为失意的人最脆弱也最多心，你的每一句话在他听来都充满了讽刺与嘲弄的味道，让失意的人感觉你"看不起"他。

当然也有些人不会在乎，你说你的，他听他的，但这么潇洒的人毕竟不太多。因此你说的得意，对大部分失意的人都是一种伤害。

一般来说，失意的人较少攻击性，郁郁寡欢是最普通的心态，但别以为他们只是如此。听了你的得意后，他们普遍会产生一种心理——怀恨。这是一种转移到心底深处的对你的不满的反击，你说得口沫横飞，不知不觉已在失意者心中埋下一颗炸弹。

失意者对你的怀恨不会立即显现出来，因为他无力显现，但他会通过各种方式来泄恨，例如说你坏话、扯你后腿、故意与你为敌，主要目的则是——看你得意到几时，而最明显的则是疏远你，避免和你碰面，以免再见到你，于是你不知不觉中就失去了一个朋友。

不管失意者所采取的泄恨手段对你造成多大的损失，至少这是你人际关系上的危机，对你绝对是没有好处的。

你应当记住：越自夸，就越变成"讨厌虫"！

智者曾说："不要在一个不打高尔夫球的人面前，谈论有关高尔夫球的话题，那样不会让你显得博学，反而会让你显得更加无知。同样道理，也不要在失意者面前讨论你的得意，即便你说者无意，也难免听者有心，认为你是在自我炫耀，无视他的存在或鄙视他的无知，从此忌恨你。

6. 放下"身架"才能提高"身价"

在平常的生活中，我们总是能看到这样一些人，他们爱摆"身架"，显示出自己的与众不同，哪怕自己只是当了不起眼的一个小官，也要官腔十足。而且他们不管做什么事情都会装模作样，好像自己威风无比、唯我独尊。然而，他们不知道，自己的"身架"摆得越大，在别人心目中的"身价"就越低。

乔治·华盛顿是美利坚合众国的第一任总统。他正是靠着那平易近人的领导风格赢得了千万美国人的尊重和拥戴的。华盛顿虽然是个伟人，但他若在你面前，你会觉得他普通得就和你一样，一样的诚实、一样的热情、一样的与人为善。

有一天，他穿着一件过膝的普通大衣独自一人走出营房。他的低调让遇到的每一个士兵都没有认出他。当来到一条街道旁边时，他看到一个下士正领着手下的士兵筑街垒。那位下士双手插在裤袋里，站在旁边，对抬着巨大水泥块的士兵们喊道："一、二，加把劲儿！"但是，尽管下士喊破了喉咙，士兵们也经过了多次努力，但还是不能把石头放到预定的位置上。他们的力气几乎用尽，石块眼看着就要滚下来。这时，华盛顿疾步跑到跟前，用强劲的臂膀，顶住石块。这一援助很及时，石块终于被放到了位置上。士兵们转过身，拥抱华盛顿，表示感谢。

华盛顿转身向那个下士问道："你为什么光喊加把劲儿却不帮一帮大家呢？""你问我？难道你看不出我是这里的下士吗？"那下士背着双手，霸气十足地回答道。

华盛顿笑了笑，然后不慌不忙地解开大衣纽扣，露出他的军装："按衣服看，我就是上将。不过，下次再抬东西的时候，你也可以叫上我。"那个下士这时候才明白自己遇见的是谁，顿时羞愧难当。

人的所谓"身架"是一种"自我之认同"，不是缺点。但这种"自我之认同"也是一种"自我之限制"，也就是说，"因为我是这种人，所以我不能去做那种事"。所以，自我认同越强的人，自我限制也越厉害。而放下"身架"，就是做到为人处世、与人交往、待人接物时谦虚低调。"君子贵人而贱己，先人而后己。"百米赛跑，不低下身子就不能蓄势，拉板车上坡，不弓下腰就用不上劲，做人亦是如此，为人虚心，放下架子，才是关键。

要想在社会上走出一条路来，就要放下身架，也就是放下你的学历，放下你的家庭背景，放下你的身份，让自己回归到"普通人中"。同时也不要在乎别人的眼光和批评，做你认为值得做的事，走你认为值得走的路。

俗语说，猪"大"了值钱，人"大"了不值钱，说的也就是这个道理。"身架"与"身价"，既能给人带来荣耀，也可能会毁掉一个人的声名。昔日，三国的刘备若无"三顾茅庐"的求贤之举和平时礼贤下士的谦恭姿态，而是以"皇叔"的身份高高在上，就不会以后有三国争雄的故事。身份和地位越高的人，越要把自己的"身架"放下，只有这样才能赢得追随者的敬重和信赖。

只有放得下你的"身架"，你的思考才会富有高度的弹性，才不会有刻板的观念，而能吸收各种资讯，形成一个庞大的资讯库；只有放得下你的"身架"，你才能比别人早一步抓到好机会，也能比别人抓到更多的机会，因为你没有身架的顾虑；只有放得下你的"身架"，你才会在未来的人生道路上披荆斩棘，让你的"身价"倍增。所以说，即便你能力再强、水平再高、头衔再多、人际再广,只有放下你的"身架"才可能真正提高你的"身价"。

放不下身架,就像是高高在上的酒杯,就是酒壶里有再多的好酒,也倒不进去,变成浪费。放下身架并不是比人矮一截,而是用谦卑和真诚,去真正学到东西。泰戈尔说过一句非常经典的话:"当我们开始谦卑的时候,便是我们接近伟大的时候。"难道不是这样吗?大海之所以成为纳百川的大海,正是因为它肯放低身架,所有的河流才能顺利进入它的怀抱。

7. 给人好处千万不要挂在嘴上

不要以为帮助别人只要你愿意就行了,其实,帮助别人也需要一定的技巧。否则,你帮助了别人,别人还不一定会记得你的好处。

需要注意的一点就是,给人好处切莫自居,不要使对方觉得接受你的帮助是一种负担,这样你希望别人感激的虚荣心就会给接受者造成一定的心理压力,在这种压力下接受你的帮助,其心情可想而知。

在正常情况下,不到万不得已的时候,人都是不愿意求别人。求别人,如果别人答应帮助你,你就欠了一个人情,而我们知道,这个世界,唯有人情债是最难还的。如果别人拒绝了,自己脸上不好看,别人心里也不舒服,彼此徒增尴尬。总之,求人本身并不是一件很光彩的事。所以,如果有人有求于你,又如果你有帮助他的能力,那么最好不声不响地给予他帮助,这会让他感激不尽。

但是偏偏有些人,有很强的虚荣心。一旦为朋友做了事,送了人情,等到大功告成,他便不知道自己姓什么了。把简单的说成复杂的,小事说成大事,生怕人家忘了。没有朋友会因为你不说,就会忘记你送的人情,多说反而无益。你的多言,会使得愿意帮助别人的良好初衷变质,并给你带来不好的结果。人情世故的微妙有时候很耐人寻味。

在一个大雪纷飞的冬天,一个贫穷的农夫向村里的首富借钱。恰好那天首富兴致很高,便爽快地答应借给他银子,末了还大方地说:"拿去开销吧,不用还了!"农夫接过钱,小心翼翼地包好,就匆匆往家里赶。首富冲他的背影又喊了一遍:"不用还了!"

第二天大清早,首富打开院门,发现自家院内的积雪已被人扫过,连屋瓦也扫得干干净净。他让人在村里打听后,得知这事是农夫干的。这时首富明白了:给别人一份施舍,只能将别人变成乞丐。于是他前去让农夫写了一份借契。

事实上农夫是在用扫雪的行动来维护自己的尊严,而首富向他讨债极大地成全了他的尊严。在首富眼里,世上无乞丐;在农夫心中,自己更不是乞丐。如果把"施恩"变成了"施舍",一字之差,效果却大大的不同。

生活中经常有这样的人,帮了别人的忙,就觉得有恩于人,于是心怀一种优越感,高高在上,不可一世。这种态度是很危险的,常常会引发反面的效果,这就是费力不讨好的表现。

帮了别人的忙,却没有增加自己人情账户的收入,正是这种骄傲的态度把这笔账抵消了,别人心里其实是非常感激的。如果你再大肆张扬,生怕没有人知道你帮助了别人,那会让别人觉得你是在炫耀自己而不是在帮助别人,同时这也会增加被帮助者的心理负担。当被帮助者不能忍受你的这种行为的时候,就会尽快地还你一个人情,之后对你敬而远之，下次再也不会有求于你。即使你再有能耐，他亦会另请高明。

所以，帮助了别人就不要夸大其词，最好不夸功，甚至可以不认账。当然是你不认账，不认账是给足你所帮助的人面子，这只会让他更加感激你。

由此可知，帮助别人的行为方式是非常值得注意的，不要使对方觉得接受你的帮助是一种负担，应该做得自自然然，不要让对方感受到你是在施舍。施舍就意味着不平等，你想谁会喜欢因为接受了你的一次帮助，就比你低了一头的感觉呢？

需要注意的是，当你帮忙时要高高兴兴，不可以心不甘、情不愿的。如果对方也是一个能为别人考虑的人，你为他帮忙的种种好处，绝不会像射出去的子弹似的一去不回，他一定会用别的方式来回报你。对于这种知恩图报的人，应该经常给他些帮助。

人际往来，帮忙是互相的，切不可像做生意一样赤裸裸的，把每件事摆放得清清楚楚。忽视了感情的交流，会让人兴味索然，彼此的交情也维持不了多长时间。有人为朋友做了事，送了人情，便时时挂在嘴边，生怕人家忘了，这样反而会破坏了前面积下的人情。记住，没有人会因为你不说而忘记你送的人情。

8. 得理也要让三分

"径路窄处，留一步与人行；滋味浓时，减三分让人尝。"这句话旨在说明谦让的美德。在道路狭窄之处，应该停下来让别人先行一步。

只要心中经常有这种想法，那么人生就会快乐祥和。

中国自古以来就是礼仪之邦，谦和礼让更是中华民族的美德。当你在狭窄的路上行走时，要给别人留一点余地；羊肠小道两个人互相通过时，如果争先恐后，各不相让，那么两个人都有坠入深谷的危险，在这种情况下停住脚步让对方先过去，不仅是种礼貌，更是为了安全。

当你遇到美味可口的佳肴时，要留出三分让给别人吃，这样才是一种美德。路留一步，味留三分，是提倡一种谨慎的利世济人的方式。在生活中，除了原则问题须坚持外，对小事互相谦让会使个人的身心保持愉快。

清代康熙年间，人称"张宰相"的张英与一个姓叶的侍郎，两家毗邻而居。叶家重建府第，将两家公共的弄墙拆去并侵占三尺，张家自然不服，引起争端。张家立即发鸡毛信给京城的张英，要求他出面干预，张英却作诗一首："千里家书只为墙，再让三尺又何妨？万里长城今犹在，不见当年秦始皇。"张老夫人看见诗即命退后三尺筑墙，而叶家深表敬意，也退后三尺。这样两家之间即由从前三尺巷形成了六尺巷，被百姓传为佳话。

凡事让步在表面上看好像是吃亏，但事实上由此获得的收益要比你失去的还要多。这正是一种成熟的、以退为进的明智做法。

事物的发展都是相对的，谦让很多时候都是发生在竞争的情形之中，由于谦和礼让的出现而使矛盾完全化解，更免去了一场不必要的争斗，对手变手足，仇人变兄弟。因此，让人是避免斗争的极好方法。

得理不让人，让对方走投无路，有可能激起对方"求生"的意志，而既然是"求生"，就有可能是"不择手段"，这对你自己将造成伤害，好比老鼠关在房间内，不让其逃出，老鼠为了求生，会咬坏你家中的器物。放它一条生路，它"逃命"要紧，便不会对你的利益造成破坏。对方"无理"，明知理亏，你在"理"字已明之下，放他一条生路，他会心存感激，来日自当图报。就算不会如此，也不太可能再度与你为敌。这就是人性。

当你一味争抢的时候，不仅伤害了对方，也有可能连带地伤了他的家人，甚至毁了对方一生的幸福，这未免有失做人的德行。得理让人，不仅是一种积蓄，更是一种财富。

世界很大也很小，要知道地球是圆的，山不转水转，后会有期的事情常有发生。你今天得理不让人，哪知他日你们二人又会狭路相逢。若那时他处于优势，而你处于劣势，你就有可能吃亏。"得理让人"，这也是为自己以后做人留条后路啊！正所谓"人情翻覆似波澜"。

今日的朋友，也许将成为明日的仇敌；而今天的对手，也可能成为明天的朋友。世事一如崎岖道路，困难重重，因此走不过的地方不妨退一步，忍一时风平浪静，退一步海阔天空。让对方先过，哪怕是宽阔的道路也要留给别人足够的空间。你会发现，既是为他人着想，又能为自己留条后路。

"若想在困难时得到援助，就应在平时宽以待人。"包容接纳、团结更多的人，在顺利的时候共同奋斗，在困难的时候患难与共，进而为自己增加成功的能量，创造更多的成功机会。反之，则会被大家疏远，在成功的道路上，人为地增加了阻力。

人们往往把大海比作宽广的胸怀，因为大海能广纳百川，也不拒暴雨和巨浪；也有人把忍耐比作弹簧，弹簧具有能伸能屈的韧性。人们在一个单位或集体中工作学习，难免会产生一些意见或矛盾。但是，如果经常为一些鸡毛蒜皮的小事争得面红耳赤，谁都不肯甘拜下风，以致大打出手，事后静下心来想想，当时若能忍让三分，自会风平浪静，大事化小、小事化了。事实上，越是有理的人，如果表现得越谦让，越能显示出他胸襟坦荡，富有修养，反而更能得到他人的钦佩。

汉朝时有一个叫刘宽的人，为人宽厚仁慈。他在南阳当太守时，小吏、老百姓做了错事，为了以示惩戒，他只是让差役用蒲草鞭责打，使之不再重犯，此举深得民心。刘宽的夫人为了试探他是否像人们所说的那样仁厚，便让婢女在他和属下集体办公的时候捧出肉汤，故作不小心把肉汤洒在他的官服上。要是一般的人，必定会把婢女毒打一顿，至少也要怒斥一番。但是刘宽不仅没发脾气，反而问婢女："肉羹有没有烫着你的手？"由此足见刘宽之度量确实超乎一般人。

这就是有理让三分的做法，刘宽的度量可谓不小。他感化了人心，也赢得了人心。人人都有自尊心和好胜心，在生活中，对一些非原则性的问题，我们应该主动显示出自己比他人更有容人之雅量。

俗话说，人非圣贤，孰能无过。每个人都难免偶有过失，因此每个人都有需要别人原谅的时候。

大部分人一旦陷身于争斗的旋涡，便不由自主地焦躁起来，有时为了利益，甚至是为了面子，也要强词夺理，一争高下。一旦自己得了"理"，便决不饶人，非逼得对方鸣金收兵或自认倒霉不可。然而这次"得理不饶人"虽然让你吹着胜利的号角，但也成了下次争斗的前奏。因为这对"战败"的一方也是一种面子和利益之争，他当然要伺机"讨"还。

在这种时候，我们为什么就不能像刘宽那样，即使自己有理，也应让别人三分。其实，有些时候给他人让出了台阶，也是为自己攒下了人情，留下一条后路。

宽以待人，要有主动"让道"精神，宽容让人。我们在与他人交往中，常常会因为个性、脾气、爱好等的差异，产生矛盾或冲突，此时我们应记住一位哲人的话："航行中有一条公认的规则，操纵灵敏的船应该给不太灵敏的船让道。这在人与人的关系中也是应遵循的一条规律。"因此，做一个能理解、容纳他人优点和缺点的人，才会受到他人的欢迎。相反，那些只知道对人吹毛求疵，没完没了地批评说教的人，怎么会拥有亲密的朋友呢？人们对他只有敬而远之！

第九章

调整自身，适应你所在的环境

1. 适应环境是人的潜能

一般来说，职场中有两种人——改变环境的人和适应环境的人。大多数人都是适应环境的人，就像坚韧的仙人掌，在多么贫瘠的土地上也能够生存。但也有一些极少数的人，他们就像雨露一样，慢慢地渗透土地，化贫瘠为富饶。

有一则小故事：

有一个人总是落魄不得志，便有人向他推荐智者。

智者沉思良久，默然舀起一瓢水，问："这水是什么形状？"这人摇头："水哪有什么形状？"智者不答，只是把水倒入杯子，这人恍然大悟："我知道了，水的形状像杯子。"智者摇头，轻轻端起杯子，把水倒入一个盛满沙土的盆，清清的水便一下融入沙土，不见了。

这个人陷入了沉默与思索。过了很久，他说："我知道了，社会处处像一个规则的容器，人应该像水一样，盛进什么容器就是什么形状。而且，人还极可能在容器中消逝，就像这水一样，消逝得迅速、突然，而且一切无法改变！"

"是这样，"智者拈须，转而又说，"又不是这样！"说毕，智者出门，这人随后。在屋檐下，智者用手指着青石板上的小窝说："一到雨天，雨水就会从屋檐落下，看这个凹处就是水落下的结果。"

此人大悟："我明白了，人可能被装入规则的容器，但又可以像这小小的水滴，改变着这坚硬的青石板。"

智者说："对，这个窝会变成一个洞！"

就是说，生活之中会有各种各样的环境，要融入环境，但是也要努力地展示自我，用自我的精神影响环境，就像石缝里生长的松柏，一丛苍翠，傲然挺立！

适应环境是人生来就有的潜能，人之所以为人，也是长期进化的结果。来看这样一个小故事：

一位哲学家搭乘一个渔夫的小船过河。行船之际，这位哲学家向渔夫问道："你懂得数学吗？"

渔夫回答："不懂。"

哲学家又问："你懂得物理吗？"

渔夫回答："不懂。"

哲学家再问："你懂得化学吗？"

渔夫回答："不懂。"

哲学家叹道："真遗憾！这样你就等于失去了一半的生命。"

这时水面上刮起了一阵狂风，把小船给掀翻了，渔夫和哲学家都掉进了水里。

渔夫向哲学家喊道："先生，你会游泳吗？"

哲学家回答："不会。"

渔夫非常遗憾地说："那么你就失去整个生命了！"

这是一个伟人给他心爱的女儿所讲的一个故事。它蕴含了一个非常深刻的人生哲理：一个没有学会在人生长河中游泳的人，即使其他的东西学得再多，也无法生存下来，因为他缺乏基本的适应和生存能力。

人是自然与社会的统一体。婴儿出生时只是个自然的生物人。要转化成社会人，就必须经历社会化的过程，人的社会化即个体与社会不断调整适应的过程。

一个人要在社会中生存和发展，就必须使自己的思想观念、思维方式、知识能力以及生活方式、生活习惯等一切同社会环境相适应。一个人要在事业上有所作为，离不开职业岗位提供的条件，离不开领导的支持和周围人的帮助，而这一切的获取是以适应为前提条件的。

正所谓：入海为龙你就行云布雨，上山成虎你就威慑山林。担任领导应该公正无私，具体经办就要兢兢业业。优胜劣汰，适者生存。学会适应环境，调整心态，这一生就必然会活得充实而精彩！

2. 改变不了环境，就改变自己

改变周围的环境，想必是很多人都有过的梦想。比如，我们会抱怨周围的卫生环境太差了，但是看到遍地的垃圾，自己也会把手里的废纸随手一丢，还会安慰自己说反正已经脏成这样了，也不多这一张废纸。也许，大多数人和你抱着同样的想法，如果我们每个人都从改变自己开始，卫生环境不就改观了吗？

很久以前，人类都是赤脚行走的。一位国王去偏远的乡间旅游，路上有很多碎石头，把他的脚硌得生疼，他大怒，回到皇宫后，就下令将国内所有的道路都铺上一层牛皮。他觉得这样做，不仅自己不再受苦，全国老百姓也都可以免受石头硌脚之苦了。

愿望是好的，问题是从哪里来那么多牛皮？就算把全国所有的牛都杀了，也筹措不到足够的皮革，这还不算用牛皮铺路所花费的金钱、动用的人力。但既然是国王的命令，谁敢说个"不"字呢？

就在大家为此发愁的时候,一个聪明的大臣大胆向皇帝谏言说:"国王啊!为什么您要劳师动众,牺牲那么多头牛,花费那么多金钱呢?您何不只用两小片牛皮包住您的脚,这样不就免受石头硌脚之苦了吗?"

国王一听,当下醒悟,于是立刻收回命令,改用这位大臣的建议。据说,这就是"皮鞋"的由来。

可见,想改变世界很难,而改变自己则容易得多。与其改变全世界,不如先改变自己。当你改变了自己,你眼中的世界自然也就跟着改变了。所以,如果你希望看到世界改变,那么第一个必须改变的就是自己。

在英国威斯敏斯特教堂的地下室,圣公会主教的墓碑上写着这样一段话:

当我年轻的时候,我的想象力没有受到任何限制,我梦想改变整个世界。

当我渐渐成熟明智的时候,我发现这个世界是不可能改变的,于是我将眼光放得短浅了一些,那就只改变我的国家吧!但是这也似乎很难。

当我到了迟暮之年,抱着最后一丝希望,我决定只改变我的家庭、我亲近的人——但是,唉!他们根本不接受改变。

现在在我临终之际,我才突然意识到:如果起初我只改变自己,接着我就可以改变我的家人。然后,在他们的激发和鼓励下,我也许就能改变我的国家。再接下来,谁知道呢,或许我连整个世界都可以改变。

当我们面临没有能力去改变环境的时候,尤其是环境不利于我们的时候,要想方设法改变自己,这是一种智慧,一种策略。

伊索寓言中有一个故事：一阵狂风，把一棵大树连根拔起。大树看到旁边池塘里的芦苇就问："为什么这么粗壮的我都被风刮断了，而这么纤细的你却什么事也没有呢？"芦苇回答说："我知道自己软弱无力，就低下头给风让路，避免了狂风的冲击；而你却拼命抵抗，结果被狂风刮断了。"

我们就应该像芦苇，尽管软弱，但有智慧。面对狂风卷来，不是试图与之对抗，而是伏下身子，低头弯腰，化险为夷。更重要的是，积蓄力量，在机会到来之时，进行全力冲刺。

刘虹大学毕业时国家还管分配，她被分配到了一个偏远的小山区当教师，不仅条件差，工资更是少得可怜。其实，刘虹在校成绩不错，擅长写作，还曾担任过学校文学社的社长。现在被分到这样一个破地方，她整天愤愤不平，对工作没有热情，连一向爱好的写作也没了兴趣。整天琢磨着"跳槽"，幻想能有机会调到一个好的工作环境，拿到一份优厚的报酬。两年过去了，她的工作没有任何起色，写作也荒废了，她也变得更加郁郁寡欢。

这天，学校开运动会，连附近的村民都来观看，小小的操场被围得水泄不通。她来晚了，站在后面，踮起脚也看不到里面热闹的情景。这时，身旁一个很矮的小男孩儿吸引了她的视线，只见他一趟趟地从远处搬来砖头，在那厚厚的人墙后面，耐心地垒着一个台子，一层又一层，足足垒了半米多高，他才登上台子，还冲刘虹粲然一笑，掩饰不住的是成功的喜悦和自豪。

刹那间，刘虹的心被震了一下，操场上的环境已经不能改变了，自己只是站在外面唉声叹气，抱怨自己来晚了。而小男孩儿却懂得垒一个台子，改变自己的高度，去欣赏比赛。自己一直在抱怨被分的地方是多么差劲，但是不曾想到改变自己，她为自己以前的做法感到惭愧。

从此以后，她满怀激情地投入到工作中去，踏踏实实，一步一个脚印。很快，她便成了远近闻名的教学能手，编辑的各类教材接连出版，各种令人羡慕的荣誉纷纷而至。两年后，她被调至自己颇喜欢的一所中专任职。

自然发展规律告诉我们：物竞天择，适者生存。只有不断调整自身适应环境，人才能获得更大发展。

3. 逆境是上天的恩赐

一位伟人说过："并不是每一次不幸都是灾难，早年的逆境通常是一种幸运。与困难作斗争不仅磨砺了我们的人生，也为日后更为激烈的竞争准备了丰富的经验。"高尔基也曾说过："苦难是最好的大学。"逆境和苦难常常能锻炼人们的意志，一旦具备了像钢铁一般的意志，成功对于他们而言，也是理所当然的事情了。事实上，每一位杰出人物的成长道路都不是一帆风顺的。正是他们善于在艰难困苦中向生活学习，磨砺意志，才在最险峻的山崖上扎根成长为最伟岸挺拔的大树，昂首向天。

大约在两个半世纪以前，在法国里昂的一个盛大宴会上，来宾们就一幅绘画到底是表现了古希腊神话中的某些场景，还是描绘了古希腊真实的历史画面，展开了激烈的争论。看到来宾们一个个面红耳赤，吵得不可开交，气氛越来越紧张，主人灵机一动，转身请旁边的一个侍者来解释一下画面的意境。

这是一位地位卑微的侍者，他甚至根本就没有发言的权利，来宾们对主人的建议感到不可思议。结果却大大出乎人们的意料，这位侍者的解释令所有在座的客人都大为震惊，因为他对整个画面所表现的主题作了非常细致入微的描述。他的思路非常清晰，理解非常深刻，而且观点几乎无可辩驳。因而，这位侍者的解释立刻就解决了争端，所有在场的人无不心悦诚服。大家对侍者一下子产生了兴趣。

"请问您是在哪所学校接受教育的，先生？"在座的一位客人带着极其尊敬的口吻询问这位侍者。

"我在许多学校接受过教育，阁下，"年轻的侍者回答说，"但是，我在其中学习时间最长，并且学到东西最多的那所学校叫作'逆境'。"

这个侍者的名字叫让·雅克·卢梭。他的一生确实都是在逆境中度过的。早年贫寒交迫的生活，使得卢梭有机会成为一个对社会方方面面有着深刻认识的人，尽管他那时只是一个地位卑微的侍者。然而，他却是那个时代整个法国最伟大的天才，他的思想甚至对今天的生活仍有着重要的影响。让·雅克·卢梭的名字，和他那闪烁着人类智慧火花的著作，就像暗夜里的闪电一样照亮整个欧洲。

这一切伟大成就的取得，莫不得益于那所叫"逆境"的学校。

"逆境"是最为严厉、最为崇高的老师，它用最严格的方式教育出最杰出的人物。人要获得深邃的思想，或者要取得巨大的成功，就要善于从艰难穷困中摒弃浅薄。不要害怕苦难，不要鄙夷不幸。往往不幸的生活造就的人才会深刻、严谨、坚忍并且执着。

很多年轻人也许都心存愤懑，也许都在抱怨命运的不公平，抱怨环境对自己的不利影响，那么，了解一下英国著名作家威廉姆·科贝特当年如何学习的事迹，一定能让你停止这类的抱怨。

科贝特回忆说:"当我还只是一个每天薪俸仅为6便士的士兵时,我就开始学语法了。我铺位的边上,或者是专门为军人提供的临时床铺的边上,成了我学习的地方。我的背包也就是我的书包。把一块木板往膝盖上一放,就成了我简易的写字台。在将近一年的时间里,我没有为学习而买过任何专门的用具。我没有钱来买蜡烛或者是灯油。在寒风凛冽的冬夜,除了火堆发出的微弱光线之外,我几乎没有任何光源。而且,即便是就着火堆的亮光看书的机会,也只有在轮到我值班时才能得到。为了买一支钢笔或者是一叠纸,我不得不节衣缩食,从牙缝里省钱,所以我经常处于半饥半饱的状态。"

"我没有任何可以自由支配的用来安静学习的时间,我不得不在室友和战友的高谈阔论、粗鲁的玩笑、尖厉的口哨声、大声的叫骂等各种各样的喧嚣声中努力静下心来读书写字。要知道,他们中至少有一半以上的人是属于最没有思想和教养、最粗鲁野蛮、最没有文化的人。你们能够想象吗?"

"为了一支笔、一瓶墨水或几张纸,我要付出相当大的代价。每次,揣在我手里的用来买笔、买墨水或买纸张的那枚小铜币似乎都有千钧之重。要知道,在我当时看来,那可是一笔大数目啊!当时我的个子已经长得像现在这般高了,我的身体很健壮,体力充沛,运动量很大。除了食宿免费之外,我们每个人每周还可以得到两个便士的零花钱。我至今仍然清楚地记得这样一个场面,回想起来简直就是恍如昨日。有一次,在市场上买了所有的必需品之后,我居然还剩下了半个便士,于是,我决定在第二天早上去买一条鲱鱼。当天晚上,我饥肠辘辘地上床了,肚子在不停地咕咕作响,我觉得自己快饿晕过去了。但是,不幸的事情还在后头,当我脱下衣服时,我竟然发现那宝贵的半个便士不知道在什么时候已经不翼而飞了!我一下子如五雷轰顶,绝望地把头埋进发霉的床单和毛毯里，就像一个孩子般伤心地号啕大哭起来。"

但是，即便是在这样贫困窘迫的不利环境下，科贝特还是坦然乐观地面对生活，在逆境中卧薪尝胆、积蓄力量，坚持不懈地追求着卓越和成功。

科贝特后来成为了著名的作家。艰难的环境不但没有消磨他的意志，反而成为他不断前进的动力。他说："如果说我在这样贫苦的现实中尚且能够征服艰难、出人头地的话，那么，在这世界上还有哪个年轻人可以为自己的庸庸碌碌、无所作为找到开脱的借口呢？"

读到这里，你是否感觉到心灵一震，那好，如果你想出人头地的话，就让一切借口和抱怨都见鬼去吧！

卢梭和科贝特都出身贫困，然而，真正杰出的人物总是能突破逆境，崛起于寒微。艰难的环境既能毁灭人，也能造就人；不过，它毁灭的是庸夫，而造就的往往是伟人！

4. 先考虑自己是否让人喜欢

社会是很复杂的大环境，人的类型很多，一个人应该怎么去面对社会、结交朋友，实在是相当重要的事，也不是一件容易的事。

一般来说，朋友可分为两种：一般朋友和真心朋友。进一步说则有：点头之交、玩乐之交、默契之交、道义之交、生死之交……不管是哪种程度、哪种境界的朋友，都会对你有某种程度、某种方面的帮助。

我们固然要选择益友加强联系，但也要学会避开损友，懂得如何与三教九流形形色色的各种人打交道。不过，一定不要在需要别人时才去交朋友。利益一般会偕朋友同来，但交朋友的目的绝不是单纯地为了赢取个人的利益。要知道，我们选择别人，别人也同样可以选择我们。

所以，广结善缘的首要条件并不是"我"喜欢什么样的朋友，而要先考虑自己是否让人喜欢、受人欢迎。"获友不易，反目一朝。"意即好朋友得之不易，有时却会因一句失言、一时失态而形同陌路，甚至反目成仇。人生之路不能无友，有了朋友更要加倍珍惜，因此，我们要时刻提醒自己：改善自我，广结良友。

受敬仰、被尊重，这是大多数人最重视的一种感觉。所以，美国著名作家戴尔·卡耐基写了一本《如何赢得友谊及影响他人》得以畅销百万册，道理就在这里。在社交场上，朋友越多越好，敌人越少越妙。因而，"你受人欢迎吗？"几乎决定你社交关系的分数。受欢迎，朋友就多；受鄙弃，很可能增加许多人际方面的阻力。

然而，怎样的人才受欢迎呢？一般人以为"人缘"的好坏，决定于外在印象。事实上，第一印象的确很重要，因为仪容是否端庄、整洁能代表个人的修养，不过，如果完全以貌取人，为别人判定分数，常常会因此而出现"有眼不识泰山"或"识人不明"的情况。

春秋末期，齐国的丞相晏子长得比较矮，当他代表齐国出使楚国时，就因相貌上的缺点而遭受嘲笑。但后来他却以机智和口才，使得楚国君臣上下不得不对他"刮目相看"。汉朝的陈平则与晏子相反，是有名的"美貌丞相"，其才能同样相当杰出，但是当时的人却批评他"光漂亮又有什么用？"

历史证明，陈平并不只是一个"光漂亮"的人，但是我们却可以在这个例子里发现：视觉上的美感，对人际关系并没有绝对的影响。

同时，这个例子也显示出：外表好看，内在"可能"也不错，但二者的关系并不是绝对的。

所以，一个人是否受欢迎，不是外表来决定的，还有其他方面可给人留下好印象，例如：平易近人、关心与体贴、彬彬有礼、幽默感等。大抵说来，受欢迎的人一定肯为别人设身处地着想。比方说：每一个人在有事求人时，总希望别人即使拒绝，也不要使自己太难堪；因此，当我们不得已拒绝别人的请求时，也应该诚恳地表示歉意。

虽然说"友直、友谅、友多闻"，但是，当我们劝谏朋友时，态度应和缓，点到为止，留一点余地给对方，不要使建设性的建议反而变成了伤人的批评。

总之，能够将心比心，时时检讨自己的得失，才可能得到别人的真心对待。所以，我们若是希望自己受人欢迎、得人缘，不可不先"照照镜子"，分析一下自己在别人心目中的分量。

我们常说："成功不是偶然的。"意思是说，这其中包括有志气、有决心、有毅力、有方法。想做一个受欢迎的人也不例外，从内在到外在，从开口说话到不开口的衣着语言，都必须散发出一种吸引人的魅力，才能够把自己推销出去。现代社会的最大特点是"忙碌"，自己分内的工作尚且照顾不周全，哪里有时间、兴趣去深入了解别人？所以，大部分人留在你印象中的，只是一个粗略的轮廓，如果你不具备"特殊条件"，在别人心目中，也只是一个模糊的影子而已。

就此而言，任何人要想在人际交往中卓然出众，就得表现自己，把自己个性中最美好的一面拿出来。汽车大王福特曾为"最受欢迎的人"下过一个定义，他说："这种人，是能将内心中最美的东西引发出来的人。"的确，生命中有些东西是不依赖外力的，要想受欢迎，全靠你自己。肚子里有货，不怕没有伯乐识千里马；风度翩翩，不怕身边不环绕仰慕的群众。

赢得好人缘的法宝是：要能够明确地把握重点，尽量表现"原有"的美质，即使天生的资质不够，也可以靠后天的培养或努力去尽力求取个人条件的完美。外在美如仪容整洁、彬彬有礼、态度亲切等，内在美如体贴关心、富于幽默感，等等，都可以塑造你的特殊风格，甚至进一步把你推上成功的宝座。

5. 没有绝望的处境，只有对处境绝望的人

生活是一种态度。每个人都会经历挫折和不幸，每个人也都有获得幸福的机会。生活是现实的，不以你的意志为转移，你可以活得很积极，也可以很悲观。同样是生活，有人整天愁眉不展，唉声叹气，有人却过得精彩无限，有滋有味。你可以决定自己的命运，只要你肯审视自己的态度。培根曾说过："人若云：我不知，我不能，此事难。当答之曰：学，为，试。"

"世间本来没有路，走的人多了就成了路。"想一想，连路都可以硬走出来，那么面对人为的环境和处境，我们有什么理由绝望呢！

很多时候我们绝望与否，重要的不是处于顺境或逆境，而是取决于对待顺境或逆境的态度和方法。有的人无论顺境、逆境都能进步，而有的人却是任何时候都在堕落。

其实，世上是有绝望的处境的，问题是在你的看法如何。如果你冷静下来想办法，尝试走另一条路的话，你的成功概率可能会有百分之九十的。如果你急躁不安，绝望了，不敢去面对和挑战，那你的成功概率只有百分之十。所以，这世上只有对处境绝望的人，而没有绝

望的处境。

成功从来只会青睐勇敢的智者，不喜欢亲近那些遇到一点困难就绝望而退缩的胆小鬼。在人生的道路上，没有一个人是没有遇到过困难与挫折的，简单来说，没有困难的人生不是完整的人生。因此，我们不如用微笑来挑战困难吧！

总而言之，这个世界上，没有爬不上的山，没有过不了的河，再大的困难总有解决的方法。用冷静和乐观的心来面对困难，总能找到一个让你坚持不懈的理由。每一个人的命运都没有绝望的处境，只要你勇敢去面对、挑战它，成功往往就在绝境的拐弯处。

我们每个人都随身携带一种看不见的法宝——"积极心态"，而它的另一面写着"消极心态"。一个拥有积极心态的人并不否认消极因素的存在，他只是学会了不让自己沉溺其中。一个心态积极者常能心存光明远景，即使身陷困境，也能以愉悦和创造的态度走出困境，迎向光明。在人的本性中，有一种倾向：我们把自己想象成什么样子，就真的会成为什么样子。

有这样一个很有意思的故事：一个老婆婆依靠两个儿子的苦力维持生计，大儿子晒盐、二儿子卖伞。若大儿子能晒更多的盐，二儿子就不能卖更多的伞；雨天二儿子生意好了，大儿子就不能晒盐！老婆婆整天为两个儿子不能同时赚钱而烦恼。有人建议老婆婆换个角度看待问题：晴天，大儿子能晒更多的盐；雨天，二儿子可以卖更多的伞。这样一来，老婆婆果然心情好多了，不再为两个儿子的营生闲操心了。

任何事物都有两个不同方面，处理问题只看重一面而忽视另一面，都会得出与事实相悖的结论。如果思维沉溺在事物不好的一面，既无益于问题的解决，也影响情绪，甚至可以导致思想消沉、远离多彩的生活，成为怨天尤人、抱怨社会的边缘人。

就业艰难、住房紧张、股票跌停……许多事情我们无法改变，好心情也要被这些无法改变的事情一扫而空吗？别人可以偷走你的金钱，可以破坏你的地位，可以践踏你的尊严，但永远扼杀不了你那颗乐观的心，活就要活得精彩！

在我们碰到棘手的问题时，必须先静下来、勿冲动行事。既然木已成舟，请以美好的姿态去面对一切。当你不能立竿见影地解决问题时，请试着改变你面对问题的心情。

我们常常以为是一件事情引发了我们的某种情绪，但美国心理学家埃利斯认为，是我们内心的想法或者说心态决定了我们的情绪。所以，不要把你的一切情绪都归于现在的事件、现在的人、现在的关系。表面上是这些因素决定了你的爱恨情仇以及种种情绪，事实上，导致你负面情绪的罪魁祸首是你内心对事情的想法和观点，而这是完全可以用积极的心态去改变的。从这个意义上说，我们完全有能力左右自己的心情。

如果你因为失败而灰心丧气，其实那是成功女神对你毅力的一次考验；总结经验和教训，重拾勇气和自信也一定会垫起你未来成功的高度。郁闷的心情只会让你更加失败，而坦然的心情则能让你接近成功。

如果你因为失去而黯然神伤，那是因为你一直习惯拥有、害怕失去，拥有的越多就会越快乐，而失去就会痛苦不堪。的确，失去会带来疼痛，但更多的时候，正是因为失去才让你得到更多。而有所得必有所失，同样有所失也必有所得，所谓"失之东隅，收之桑榆"。人生本无所谓得失，你心情的好与坏全在于你自己内心的想法。

如果你因为过去的灾难而痛苦万分，这本无可厚非，问题在于即便你痛苦到老，昨天的事情也无法改变。事情既然已经过去，就让痛苦的心情也一起随同事情埋葬在过去吧。不要浪费过多的时间和心情在过去那些令你郁闷的事情上，因为生活还要继续！

如果你因为遭遇不公而郁闷，你不得不承认生活本身就存在着不公平。有人说："人生如打牌，而不似下棋。"下棋是公平的，棋子一样多，棋盘共同用，条件相同，起跑线一致，机会均等，就看谁的棋艺高。而打牌是不公平的，除了抓牌的数量一样，牌的好坏却有着千差万别。人生也是这样，我们不能控制自己的牌是好还是坏，但是我们可以控制自己打牌时的心情。好心情会让你的牌技发挥得更好，结果也许是你拿了一手烂牌却赢了这一局！

6. 不做害怕变化的"恐龙族"

在数亿万年前，恐龙曾经是我们这个地球上最强大、最活跃的物种之一，但不知道什么原因灭绝了，至今没有一个科学家能拿出确切的证据来举证。但有人曾提出一个观点，就是当环境发生剧烈变化的时候，长期安于现状的恐龙缺乏"应变"和"学习"能力，无法改变自己以适应环境的变化。

职场如战场，淘汰本无情，如果一个人在中途倒下，则显示其生存的能力不够强。遗憾的是，在各个工作场所中，仍然有不少的"恐龙式"人物的存在。

在工作中，"恐龙族"最大的障碍就是无法适应环境。他们周围有许多学习新技术及深造的机会，但是他们往往视而不见，根本无心寻求新的突破。

工作与生活永远是变化无穷的，我们每天都可能面临改变，新的产品和新服务不断上市，新技术不断被引进，新的任务被交付……这些改变也许微小，也许剧烈。但每一次改变，都需要我们调整自我重新适应。

面对改变，意味着对某些旧习惯和老状态的挑战，如果你固守着过去的行为与思考模式，并且相信"我就是这个样子"，那么，尝试新事物就会威胁到你的安全感。

"恐龙族"不喜欢改变，他们安于现状，没有野心，没有创新精神，没有工作热忱，满足于目前的状态，不设法改进自己，不想去做更好的工作。"恐龙族"不肯承认改变的事实。他们不愿为自己创造机会，而情愿受所谓运气、命运的摆布。

不懂得适应变化，让"恐龙族"在职场中处处受阻，路子也越走越窄，最终导致能力下降，步入灰暗的人生境地。既然前方已经看不到光亮，"恐龙族"就会选择随遇而安。

客观地说，随遇而安、过一种普普通通的生活也是一种人生，因为我们大多数人都是这样度过的。但是，如果总是随遇而安，把所谓的生活安全感放在人生的第一位，久而久之，我们就会产生一种惰性，机会来到面前也把握不住。

天地间没有不变的事情，万事万物随时而变，随地而变，随社会的发展而变，随人的生理、情感、观念而变。既然改变已成一种定律，我们又何苦死守？不如顺应这种改变的大潮，完善自己。

在这一方面，韩国偶像组合东方神起的做法很值得我们学习。

东方神起组合于2004年，在韩国出道，历经两年，横扫韩国各大音乐排行榜。2006年，东方神起转战日本，向这个全球第二大唱片市场冲刺，也取得了可观的成绩。在参加一次娱乐节目时，主持人很好奇他们怎样处理在韩国和日本生活的差异，询问成员们解决的方法。其中一个成员回答道:"我们需要给自己'洗脑',上了去日本的飞机,就要忘掉在韩国的事情,回到韩国,又要忘记在日本的事情。只有这样,才能适应一直在变换的环境,才能让自己在差异很大的环境中不会精神崩溃。"

众所周知,艺人常常会变换自己的工作环境,如果不能很好地适应,那么无疑会影响他们的发展。职场中也是一样的,你必须想办法适应环境的变化,跟着公司的发展形势"玩"出新花样,想出新东西,创造出新玩意儿,也就是说,工作中如果不能适应环境,就没有出路,就很难得到发展。不发展,别人进步了,就意味着你落后,意味着你会被社会淘汰,意味着你会被人超越,甚至意味着被别人取而代之!

与此相反,假如你今天改变了、创新了,明天不仅不会被淘汰,反而会走在时代的前沿。

20世纪70年代,"多元化"成了全世界最流行的词语:世界多元化、国家多元化、关系多元化……各个企业为了迎接这股时髦的浪潮,也提出了很多多元化的经营战略。我们熟知的迪士尼,并不是以迪士尼乐园起家,公司的赢利来源也不仅仅是主题乐园,而是来源于以影视娱乐业为源头,媒体网络、主题公园和消费产品三大产业为延伸的多元产业层级赢利体系。

开始,迪士尼制作动画、影视片,如《白雪公主和七个小矮人》《人猿泰山》等,通过发行出售,赚取第一轮利润;再通过媒体网络,如美国全国广播公司ABC以及有线电视网ESPN等,赚取第二轮利润。在这两轮利润赚取的过程中,又为第三轮、第四轮利润做了铺垫:通过把电影和动画片里看到的故事变成可玩、可游、可感的游乐园(迪士尼乐园),赚取第三轮利润;通过玩具、文具等消费品的出售,赚取第四轮利润。此外,迪士尼还为米老鼠、唐老鸭、皮特狗等卡通形象申请专利,在法律保护下进行特许经营开发,获取利润。

由此可以看出，在共同品牌的引领下，产业的多元化增加了赢利点，极大地发挥了品牌与产业互动的乘数效应，使迪士尼最终走向了成功。

20世纪80年代，我国的企业也开始朝着多元化的方向迈进。它们积极打破原有的保守思维，通过跨国集团的方式融汇资金，通过与别国的集团公司签订合作协议来填补自己在技术上的缺陷，积极改掉单一的经营方式，并且处处寻找最大的利益点，在多方面完善自己，增强自己在国际经济舞台上的影响力。

其实，所有的成功都是多元化的。我们常说，一个能够高瞻远瞩的团队，一定具有很强的实战经验，其实这就是一种多元化的体现。因为在丰富自己的同时，这个团队很可能因此涉猎更多的领域，或者在同一领域里做了不同的事情，加强了各个方面的知识、能力的储备。虽然不是每一个领域都精通，但是因为有所了解，就可以在需要的时候灵活运用。

著名主持人杨澜离开央视去美国哥伦比亚大学留学时，班上有很多同学就来自国际家庭，譬如爷爷是西班牙人，奶奶是匈牙利人，爸爸从阿根廷来，妈妈在纽约上班，他们这种独特的家庭背景让杨澜意识到自己文化传统所带来的先天盲点："我发现世界上原本有各种各样的人、各种各样的思维方法，同样的事物有来自于不同角度的各式各样的看法。从此，我不再那么自以为是，不再以为自己以前一贯接受的观点肯定是正确的了。"

开放自己的思想，接受别人的思想，很多种思想的碰撞，就是多元化的重要表现形式。

企业在发展中，不能一直打保守战，以为只有自己的发展方向是对的、自己的管理模式是最好的，丝毫不去参考别人的经营模式。这是一个信息爆炸的时代，地球已经变成了村落，如果固守旧思想，坚持走单一的发展路线，那么我们将很快被激烈的竞争所淘汰。

个人同样需要开放思想，多向别人学习。但是在日常生活中，人们会利用各种规则来制约我们的思维发散。我们发现，很多大学生和研究生等受过高等教育的人，仿佛是一个模子里刻出来的，都是单一化的思路。

当前社会，一元化的人才太多了。我们都知道，不是社会不需要人才，而是社会不需要太多单一化的人才。所以，为了我们的前途与发展，请开放你的大脑，让多元化的阳光照进你的心灵，这样你才能真正实现自身的价值，获得成功。

7. 此路风景独好，彼路风景更胜

古罗马有一句俗语是"条条大路通罗马"。关于这句话，有这样一个小典故。罗马城作为当时地跨亚非欧的罗马帝国的经济、政治和文化中心，频繁的对外贸易和文化交流使得大量外国商人和朝圣者络绎不绝。罗马统治者为了加强对罗马城的管理，修建了一条条大道。它们以罗马为中心，通向四面八方。据说人们无论是从意大利半岛的某一个地方还是欧洲的任何一条大道开始旅行，只要不停地往前走，都能成功抵达罗马城。而现在"条条大路通罗马"是形容达到一个目的的方法多种多样，我们在实现目标过程中会有多种选择。

无论是在追求梦想的道路上，还是在日夜奔波的生活中，我们常常会遇到"此路不通"的尴尬境地，但是变化已经存在，我们就只能去适应变化，调整自己。

一位母亲列了一份清单让自己的孩子出门买各种杂粮，并在孩子临走时给了他几个装米的袋子。

孩子来到粮店，依照购买清单一一过目，这才发现少了一个袋子。清单上详细地写了大米、小米、高粱和玉米四种粮食，而母亲就给了三个袋子。孩子没有多余的钱买布袋，也就没办法买全所有的粮食，于是就只装满了三个袋子回家了。

归来后，孩子一进门就抱怨母亲不仔细检查布袋，以至于让自己还要再跑一趟，买剩下的玉米。母亲笑了笑："你不会找老板要一根绳，然后把装的少的布袋从中间扎牢，那么上面一层不就可以装玉米了？实在没想到的话，你还可以再买一个布袋装玉米啊？"孩子反驳说没有多余的钱买布袋。母亲又笑了笑："傻孩子，你不会少要一斤米啊？这样不就能买布袋了吗？"

孩子一听傻了眼，又羞又恼地去买玉米了。

在问题面前，我们要想办法解决。一种办法解决不了，我们还可以想其他办法。最重要的是在遇到问题时不能循规蹈矩，墨守成规，一头钻进死胡同。要学会转换思路，改变角度，那样你会发现解决问题其实一点也不难。

我们必须意识到变化随时随地都有可能发生。我们不但要适应变化，适时调整，还要学会预见变化，做好迎接挑战的准备。

"此路不通彼路通，此路风景独好，彼路风景更胜。"事实上，我们之所以会执着于此路而停滞不前，是因为我们的固有思维认为那是最顺畅、最好的一条路。惯性思维方式让我们错过了许多宽敞顺畅的大路，也错过了许多别样的美丽风景。

"观光电梯"的发明其实很偶然，它的创意是在一次增设电梯的工程中闪现的。

因为人流量的加大，原本的电梯已不能满足人们的使用需求，美国摩天大厦出现了严重的拥堵问题。为了尽快解决这一问题，工程师建议大厦尽快停业整修，直到将新的电梯修好为止。这个建议很快得到了上层领导的认可并被付诸行动。当电梯工程师和大厦建筑师们做好了一切准备工作，开始要穿凿楼层时，一位大厦里的清洁工在询问情况时激发了工程师们的创意。

"你们得把各层的地板都凿开吗？"清洁工问道。工程师向她解释，如果不凿开，那就没法装入新的电梯。

"那大厦岂不是要停业很久？"清洁工又问道。工程师无奈地点头，"每天的拥堵情况你也看到了，我们没有别的办法，也不能再耽误了，否则情况更糟。"

清洁工不经意地随口说道："要是我，我就把电梯装到外面去。"

这个看似不经意的建议，其实蕴含了无限大的智慧。也许身为清洁工的当事人并没有察觉到她的一句玩笑话会成为工程师们的创意亮点。于是世界上第一座"观光电梯"就这样孕育而生了。

专业工程师为了解决大厦拥堵的状况，决定在大厦内再安装一架电梯，这一方案可谓吃力不讨好。而另一个方案不仅解决了问题，缩小了大厦停业的可能性，而且还创造出了有观景作用的电梯。所以这条路不仅解决了问题，而且还能使人们欣赏到最美的风景。

为什么工程师们的专业眼光就产生不了这一奇妙的创意呢？根本原因就在于这些工程师早已束缚在一成不变的建筑知识体系当中，形成了一套固有的思维方式。因而每个人都应避免这种思维方式对处理问题的束缚，这样才能发现更好的解决方法。

获得成功的途径是多种多样的，并不是鲁迅弃医从文才会获得成功，以他的伟大人格和深厚知识来说，即使他继续学医，往后未必不是另一个"白求恩"。像天才达·芬奇，他的建树不仅在于艺术绘画等方面，而是在天文、物理、医学、建筑、水利和地质等方面都有一些重要的成就。

每一条路都能通往成功，唯一不同的只是这些路的艰险情况。正如"条条大路通罗马"一样，在不同的行业里，不同的奋斗方式都能使我们获得成功。"此路不通"的情况只存在于路标牌中，因为通过绕行，我们最终仍能殊途同归。

1850年的美国西部是一片充满传奇和财富的土地。随着大量黄金的被发现，人们怀着淘金的梦想，纷纷踏上了西部荒无人烟的土地。

身为犹太人的李维·施特劳斯从小就相当聪明，同所有犹太人一样，他不安分，爱冒险，而且他继承了犹太人善于经商的本事，他在20多岁时便放弃了稳定工作，加入到淘金的洪流中。

长途跋涉来到西部后，他发现淘金的美梦并不现实。荒凉的西部早已涌满了淘金的人群，到处都是他们的帐篷。

发财的人遍地都是，他到底能不能分到一杯羹呢？他心里没底，他不想就这样放弃，也不想这样漫无边际地等待，心中渴望尽快成功的他开始思考自己的成功之路。

一次偶然的机会，他发现自己所在的淘金地点离市中心很远，每一次淘金者买东西都十分不方便。他决定放弃淘金这种遥不可及的发财梦，然后他开了一家日用品商店，试图以另一种方式获得成功。

事实证明他是对的。他的小商店生意越来越好，淘金者们"金闪闪的收获"源源不断地流向了李维的小商店。但是他的小商店里有一样东西的销路始终不好，那就是帆布。按理来说，淘金的人都住在帐篷里，最需要的就是帆布。但是淘金者大多都自己带帐篷了，因而帆布的生意就非常冷淡。

一天李维向一名淘金者推销帆布,工人摇摇头说"我不需要帐篷,我需要像帐篷一样坚硬耐磨的裤子"。李维很好奇,追问原因,工人告诉他,淘金的工作很艰苦,衣服经常要与石头、沙土摩擦,一般的裤子都不耐磨,几天就破了。这些话提醒了李维。他想这些帆布如果做成裤子,肯定很受大家的欢迎。于是他仿效美国西部一位牧工的设计制作工装裤。1853年,第一条日后被称为"牛仔裤"的帆布工装裤诞生了。他向矿工推销,不出所料,这种款式和布料的裤子很受工人喜欢,大量的订单随之而来。李维的事业也由此起步。

在这场全民淘金的竞争中,每个人都想发财,一些人利用淘金获得了成功,而另一些人看到了别的发财机会,同样也获得了成功。因而不是没有成功的路,关键在于要有洞悉商机的头脑。

其实"此路不通彼路通"是在告诉我们要勇敢面对"不通"的窘境,然后运用发散思维寻找另一条成功的捷径。

每个人的思维方式都不相同,也不是每个人在面对"不通"的窘境时都能处之泰然,游刃有余。但如果我们掌握了一些方式方法,便能轻松地解决这些问题。

首先,我们要避免此路不通的情况发生。要承认这些变化,事前进行详细的思考与分析,找出前进道路中可能会出现的所有问题,并做好准备;发生变化后,不能慌张,也不要一味地守株待兔。办法是死的,但人是活的,我们要适应变化,适时调整方案,坚持不懈,朝着成功勇敢迈步。

其次,要开拓思维能力,提高处事应变的能力。变相思维、逆向思维、多向思维等,我们应锻炼自己的思维头脑,从中找到最适合的处理办法。思维就像一台机器,使用多了就会熟能生巧,经常从不同角度全方位地思考问题，处理问题的方法自然就会很多，也就能从中找到最好的一条捷径。

我们可以在一些充满智慧的书籍里寻找和积累处理问题的方法，多提问多参考，需要的时候通过联想就会有灵感出现。熟能生巧，遇到类似的难题时就不易担惊受怕。还要积极参与辩论，思想在辩论中产生，思维在辩论中发展。在辩论中锻炼并提高自己的思维能力和反应能力。

8. 对冷落你的人也要报以笑脸

相信每个人都尝到过被人冷落的滋味，但人们面对"冷落"所采取的态度却不尽相同。有的人遇"冷"不冷，逢"落"不落，仍然表现出一种泰然处之、豁达坦荡的超然境界，其结果不仅使自己渡过难关，走向"热烈"，而且逆境成才，留下了更加辉煌的人生篇章。有的人却不尽然，面对"冷落"变得消沉起来，一蹶不振，最终使自己陷入自我封闭、孤独寂寞的困境而难以自拔。要走出被人冷落的误区，首先要接受冷落。

面对被人冷落的现象，可以先承认它的存在，允许它的发生。人生本来就是一个万花筒，赤橙黄绿青蓝紫、喜怒哀乐、酸甜苦辣、温凉冷热，可谓应有尽有，五彩缤纷，因此，被人冷落也就不足为怪。

每一个生活在社会中的人，或多或少，或轻或重，都会遇到过"冷落"，不管你是自觉的还是不自觉的，情愿的还是不情愿的，谁也休想与它绝缘。"冷落"作为一种客观存在的社会现象，你无论如何也不应当采取回避的态度。

因此，面对冷落，采取承认的态度，要有接受它的心理准备。当然，承认冷落的存在，并非是承认它存在的合理性，而是承认它的客观性，从而去接受解决此种矛盾的必然性。唯有如此，你才会直面冷落，既不回避，也不惧怕。不但如此，面对冷落时，还要做到不委屈，不抱怨，并敢于坦然地表现自我。

遭受冷落，心情低落在所难免，在此时就要学会自我调节，平息抱怨。

但凡经受过冷落的人，大都有这样的感觉，抱怨冷落的结果只会在客观上助长受冷落压力的程度。与其过多地自我抱怨，倒不如从主观认识上找原因，以新的姿态重新扬起生活风帆，战胜冷落。

面对冷落，我们不妨扪心自问：为什么他人没有受冷落，却偏偏冷落了自己？为什么此时无冷落，彼处遇冷落？想来想去，你便会觉得，原来别人对自己的冷落也事出有因。

假如受到顶头上司的冷落，你可能想到了他的偏见、不公正，但是否还应想到，你的工作态度差，表现得不好，才是上司冷落你的真正原因；假如受到同事的冷落，你可能会想到他孤芳自赏，为人傲慢，心胸狭窄，无端嫉妒等，但是否还应想一想，是你的傲慢、无礼、清高，才使他人对你产生了冷落；假如受到妻子的冷落，你可能会想，妻子不温顺、不贤惠、不会料理家务、不会热情待客等，但是否还应想到，你的大丈夫习气，动辄吹胡子瞪眼睛的德行，难道妻子还不该冷落你几次？

……

与其抱怨别人，倒不如利用这个间隙来反省一下自己，失去的再难挽回，与其苦恼自己，不如洒脱一回。

冷落，会使你隐隐感到自己心灵上的某种丧失。这并不可怕，问题的关键在于你能否正确对待丧失，能否科学地把握丧失，能否学会从丧失中奋起。

朱迪丝·维尔斯特在力作《必要的丧失》中指出：丧失是不可避免的。我们从脱离母体直到死亡，在整个成长的过程中，丧失始终伴随着我们。它是"一种终生的人类状况"。理解人生的核心就是理解我们该如何对待丧失。"丧失是我们为生活付出的代价"，但假如我们学会了放弃完美的友谊、婚姻、孩子和家庭生活的幻想，放弃对绝对庇护和绝对安全的幻想，那么我们将在这种放弃中重生。丧失是成长的开始，追求完美与恐惧丧失则是幼稚的，我们人生的路途由丧失铺筑而成。

现实生活中，我们常常习惯于把复杂的社会、复杂的人生理想化，人们接受收获往往比接受丧失更容易做到。其实，只要稍加留心，便会从生活中经常发现这样的画面：他是我的好朋友，同时又是别人的好朋友；上司对我特别器重，同时对另一个人也特别器重。想到此，也许你就会认识到，放弃各种不切实际的期待，对于消除冷落的困惑是多么重要！

冷落虽然使你暂时少了一些来自外界的热情，少了一些朋友，但往往能进一步激发你对热情的珍视，对朋友的偏爱。此时此刻，你将会用自己的热情去温暖对方那颗冷落的心，你将不会再用消极的眼光去对待朋友一时的偏颇。

生活中常常有这样的现象：有些才能出众的人，正是由于受不了世俗冷落的偏见，从此之后甘愿"随波逐流"，也不肯再"出头""冒尖"了；也有一些较为愚钝的朋友，由于受到某些人的鄙视，就产生"破罐子破摔"的念头。一对曾经形影不离的好朋友，突然某一日反目成仇从此形同陌路……

生活是多色彩、多层面的，不必事事都有个所以然，必要的超脱也是一种生活的润滑剂。面对冷落，没有必要自我封闭、自我煎熬，洒脱一点才是正确的生活态度。

俗语说得好：生活就是面对现实微笑，就是超过障碍注视将来。在生活中，每个人都会遭遇冷落，但更多的还是拥有热情。你应当不断地去寻觅生活中的热情。人人都希望把热情带进自己的生活，让生活变得更富有色彩、更富有诗意。如果你只会发现冷落，而不勇于去开拓和追逐热情，那么，在你的眼里就会只有苦涩、忧伤和痛苦。

有的人在处理人际关系上，总是你对我好，我就对你好；你看不上我，我也不买你的账。这至少是一种不够大度的姿态。人与人之间的交流是双向的。一个成熟的人，他想到的往往不是得到，而更多的是付出，在很多时候需要做必要的让步和牺牲。

面对冷落你的人，早上初见面时，可以主动上前去问候一声"早上好"；周末节假日，你可以主动邀请对方去参加一个舞会，或来一次短短的旅行；当对方乔迁新居时，你可以主动去当个帮手，等等。如果你能这样去想、去做，逐渐改变对方的态度，那么精诚所至，金石为开，看上去似乎你显得"矮"了一些，但在他人的心目中，你是高尚的、伟大的、值得信赖的。

人们在受到冷落之后，往往在生活上感到失意，在心理上产生退却。对于一个强者来说，越是受到冷落的重压，越是应当富有表现自我的勇气。此种勇气不仅可以吹散冷落的阴云，也最容易拨开自己被人冷落所带来的心头迷雾。

当然，在自我表现的过程中，你还应当注意不要自我标榜，故弄玄虚。这样做不仅难以排除外界的冷落，还会由此招致更多的冷落。

自我表现不仅应当有勇气，更重要的是要提高自己的素质，增强自己的实力。有了真才实学，就会为你平添一份自信，再加上自己的勇气，那你就会在生活的舞台上表现得潇洒自如，发挥得淋漓尽致。此时，你面前的冷落便会一扫而光，迎来的将是张张笑脸，满园春色。

第十章

自我修炼，提高个人涵养

1. 爱人者，人恒爱之

爱心，是积极心态的最佳表现。爱心就是关怀、分享、给予、牺牲。只有充满爱心，才能达到"心底无私天地宽"的境界。

有一个人想看一看地狱与天堂的区别。他先来到地狱。地狱的人正在吃饭，但奇怪的是一个个面黄肌瘦，饿得嗷嗷直叫。原来他们使用的筷子有一米长，虽然争先恐后夹着食物往各自嘴里送，但因筷子比手长，就是吃不着。"地狱真悲惨啊！"这个人想。

然后，他又来到天堂。天堂的人正好也在吃饭，一个个却红光满面，充满欢声笑语。但奇怪的是，天堂的人使用的也是一米长的筷子，不同之处在于——他们在互相喂对方！"天堂和地狱拥有相同的食物，相同的工具，相同的环境，但结果却大不相同啊！"

天堂与地狱的天壤之别，仅在于做人的"一念"之差：因心态不同，就造成了极不相同的结果。在现实生活中，每个人每天都面临天堂或地狱的生活：当我们懂得付出、帮助、爱、分享，我们就生活在天堂；若只为自己，自私自利，损人利己，实质就等于生活在地狱里。地狱和天堂，就在自己的心里。

雨果的不朽名著《悲惨世界》里那个主人公冉·阿让，本是一个勤劳、正直、善良的人，但穷困潦倒，度日艰难。为了不让家人挨饿，迫于无奈，他偷了一个面包，被当场抓获，判定为"贼"，锒铛入狱。出狱后，到处找不到工作，饱受世俗的冷落与耻笑。从此，他真的成了一个贼，顺手牵羊，偷鸡摸狗。警察一直都在追踪他，想方设法拿到他犯罪的证据，把他再次送进监狱。他却一次又一次躲掉了。在一个大风雪的夜晚，他饥寒交迫，昏倒在路上，被一个神父救起。神父把他带回教堂给吃给住，但他在神父睡着后，却把神父房里的所有银器席卷一空。因为他已认定自己是坏人，就应该干坏事。不想，在逃跑途中，被警察逮个正着，这次可谓人赃俱获。当警察押着冉·阿让到教堂，让神父认定失窃物品时，冉·阿让绝望地想："完了，这一辈子只能在监狱里度过了！"谁知神父却温和地对警察说："这些银器是我送给他的。他走得太急，还有一件更名贵的银烛台也忘了拿，我这就去取来！"

冉·阿让的心灵受到了巨大的震撼。警察走后，神父对冉·阿让说："过去的就让它过去，重新开始吧！"从此，冉·阿让决心洗心革面，重新做人。他搬到一个新地方，努力工作，积极上进。后来，他成功了，毕生都在救济穷人，做对社会有益的事情。

爱人者人爱之，爱心永远不会孤独寂寞。无私的奉献必将结出丰硕的成果。

战国时，梁国与楚国相临。两国是宿敌，在边境上各设界亭（哨所）。两边的亭卒在各自的地界里都种了西瓜。梁国的亭卒勤劳，锄草浇水，瓜秧长势很好；楚国的亭卒懒惰，不锄不浇，瓜秧又瘦又弱，目不忍睹。人比人，气死人。楚亭的人觉得失了面子，在一天晚上，趁月黑风高，偷跑过去把梁亭的瓜秧全都扯断。梁亭的人第二天发现后，非常气愤，报告给县令宋就，说我们要以牙还牙，也过去把他们的瓜秧扯断！宋就说："楚亭人的这种行为当然不对。别人不对，我们再跟着学就更不对，那样未免太狭隘、太小气了。你们照我的吩咐去做，从今天开始，每晚去给他们的瓜秧浇水，让他们的瓜秧也长得好。而且,这样做一定不要让他们知道。"梁亭的人听后觉得有理,就照办了。楚亭的人发现自己的瓜秧长势一天比一天好起来,仔细观察,发现每天早上地都被人浇过,而且是梁亭的人在夜里悄悄为他们浇的。楚国的县令听到亭卒的报告后,感到十分惭愧又十分敬佩,于是上报楚王。楚王深感梁国人修睦边邻的诚心,特备重礼送梁王以示歉意。结果这一对敌国成了友好邻邦。

爱心的付出使人们更有价值,人们也会给予你丰厚的报答。美国19世纪哲学家、诗人拉尔夫·爱默生说:"人生最美好的补偿之一,就是人们真诚地帮助别人之后,同时也帮助了自己。"

2. 失去道德标准将失去一切

一个人智商再高,但如果失去了做人的道德标准,他将失去一切。现实生活中大量的事例证明了这一点。

一位老总是开五金厂的;凡是跟钱有关的东西他都有兴趣,恨不得所有的钱都装进他的口袋,每个供应商都要自己谈价格,而且经常以供应商送货不准时,或者送来的货与样品有差距而扣款;即使没有问题,他也要鸡蛋里挑骨头来扣一些费用。企业员工在工厂吃饭要收费,每人每月收180元;而他却让食堂把伙食标准定为4元每人每天……

半年之后,他工厂所有的技术员都走了,新的技术员又招不到,而且大部分供应商都不同意继续供应原材料。最终,他不得不宣告破产。

一个人如果失去基本的道德品质，那些可以对你提供帮助的人就会渐渐离你而去。

据史书记载，商纣王天生神力、异于常人，能够偷梁换柱，倒拽九牛，徒手与兽搏斗。此外，他还天赋聪颖，才思敏捷，能言善辩。可见，我们印象中的"暴君"纣王，绝非传统意义上的低智商的"昏君"。

以纣王独有的天赋，本可治理好国家，成就惊天动地的伟业，与祖先商汤、盘庚、武丁等明主一并载入史册，扬名后世。但令人遗憾的是，他的聪明才智未能用到好的地方。

具体表现在他一系列"缺乏德行"的行为中：荒淫无度，宠信奸妃妲己，建造"酒池肉林"；凶残成性，创立炮烙、虿盆等多种残酷刑法；残害忠良，就连自己的叔父比干也要"挖心"而后快……总之，纣王的所作所为真是泯灭人性，罄竹难书，因而在周武王起兵伐商后，早已恨透纣王的平民和奴隶们纷纷阵前倒戈。纣王见大势已去，便自焚身亡，商王朝也随之覆灭。至此，纣王终于在史册上稳坐"首席暴君"的头把交椅。

天时、地利、人和这治天下的三大要素商纣王原来都拥有了，但由于自己"德行不够"以致众叛亲离，国破家亡。

隋炀帝杨广也是很典型的例子。杨广是隋文帝杨坚的第二个儿子，年少好学，善诗文，著有文集55卷。开皇元年（公元585年），年仅13岁的杨广被封为晋王，做了并州的总管，拱卫京城。随后，杨广亲率军队统一国家，组织修建畅通国脉的京杭大运河，亲自开拓、畅通丝绸之路，开创科举，修订法律。

不可否认，杨广真的是才华出众。但有才的杨广总不免恃才傲物、我行我素，由于缺少道德监控和自我约束，他后来做出大逆不道的弑父篡位之举。成为皇帝后，他过度沉迷于享乐之中，无心治国，走上了荒淫无道、自取灭亡的不归路。

所以说，道德是我们的立人之本，是我们成功道路上不可缺少的基石，拥有了较高的德商我们才能拥有自己的人脉；为成功的人生道路铺上坚实的基础。

没有高尚的道德，便没有高尚的品格，便没有高尚的事业，便没有高尚的命运。我国著名教育家陶行知先生说："千学万学，要学会做人。"古代的圣人们也告诉我们：德高才能望重。我国最著名的高等学府清华大学的校训是：自强不息，厚德载物。意思就是说：道德是人生的基础，以后人生发展的每一步，都跟我们是否有高尚的道德有着直接的关系。

其实，一个人是否能成才成功，智力因素往往仅占20%，而另外起作用的80%是人格因素。良好的品德是人格的重要组成部分。如果忽略了品德培养和健康人格的构建，就容易出现一些智商很高、成就很小的人，甚至有的智力优秀的人成了"歪才""邪才"。真正大成的人，是道德与智慧并存的。欲成功，你必须光明磊落、心地纯洁、公正无私、宽厚仁爱，只有这样你才能真正拥有健康、成功和幸福。

3. 宽容是最高尚的人格

日常生活中，难免会发生这样的事：亲密无间的朋友，无意或有意做了伤害你的事，你是宽容他，还是从此分手，或伺机报复？有句话叫"以牙还牙",分手或报复似乎更符合人的本能心理。但这样做了,怨会越结越深,仇会越积越多,真是冤冤相报何时了。

如果你在切肤之痛后,采取别人难以想象的态度宽容对方,表现出别人难以达到的襟怀,你的形象瞬时就会高大起来,你的宽宏大量、光明磊落使你的精神达到了一个新的境界,你的人格折射出高尚的光彩。

第二次世界大战期间,一支部队在森林中与敌军相遇,激战后两名战士与部队失去了联系。这两名战士来自同一个小镇。

两人在森林中艰难跋涉,他们互相鼓励、互相安慰。十多天过去了,仍未联系上部队。这一天,他们打死了一只鹿,依靠鹿肉又艰难度过了几天。可也许是战争使动物四散奔逃或被杀光,这以后他们再也没看到过任何动物。他们仅剩下的一点鹿肉,背在年轻战士的身上。这一天,他们在森林中又一次与敌人相遇,经过再一次激战,他们巧妙地避开了敌人。

就在自以为已经安全时,只听一声枪响,走在前面的年轻战士中了一枪——幸亏伤在肩膀上!后面的士兵惶恐地跑了过来,他害怕得语无伦次,抱着战友的身体泪流不止,并赶快把自己的衬衣撕下包扎战友的伤口。

晚上,未受伤的士兵一直念叨着母亲的名字,两眼直勾勾的。他们都以为他们熬不过这一关了,尽管饥饿难忍,可他们谁也没动身边的鹿肉。天知道他们那一夜是怎么过的。第二天,部队救出了他们。

事隔30年,那位受伤的战士安德森说:"我知道谁开的那一枪,他就是我的战友。当时在他抱住我时,我碰到他发热的枪管。我怎么也不明白,他为什么对我开枪?但当晚我就宽容了他。我知道他想独吞我身上的鹿肉,我也知道他想为了他的母亲而活下来。此后30年,我假装根本不知道此事,也从不提及。战争太残酷了,他母亲还是没有等到他回来，我和他一起祭奠了老人家。那一天，他跪下来，请求我原谅他，我没让他说下去。我们又做了几十年的朋友，我宽容了他。"

即使一个非常宽容的人，也往往很难容忍别人对自己的恶意诽谤和致命的伤害。但唯有以德报怨，把伤害留给自己，才能赢得一个充满温馨的世界。

有个青年总是愤世嫉俗，在学习、生活、工作中遭遇了许多误解和挫折，由于得不到别人的理解，渐渐地养成了以戒备和仇恨的心态看待他人的习惯，总是对别人的小错误斤斤计较，仇恨那些不理解自己的人，结果人际关系十分紧张。在压抑郁闷的环境中，他感觉整个世界都在排斥他，因此度日如年，几乎要崩溃。

有一天出门散心，他登上了一座景色怡人的大山。坐在山上，他无心欣赏优美的风景，想想自己这些年的遭遇，内心的仇恨就像开闸的洪水一样，他忍不住大声对着空荡幽深的山谷喊："我恨你们！我恨你们！我恨你们！"话一出口，山谷里传来同样的回音："我恨你们！我恨你们！我恨你们！"他越听越不是滋味，于是又提高了喊叫的声音。他骂得越厉害，回音也越大越长，扰得他更恼怒。

就在他再次大声叫骂后，从身后传来了"我爱你们！我爱你们！我爱你们！"的声音，他扭头一看，只见不远处寺庙里的方丈在冲着他喊。

片刻后方丈微笑着向他走来，笑着说："倘若世界是一堵墙，那么爱是世界的回音壁。就像刚才我们的回音，你以什么样的心态说话，它就会以什么样的语气给你回音。爱出者爱返，福往者福来。为人处世许多烦恼都是因为对别人斤斤计较，怀恨在心而产生的。你热爱别人，别人也会给你爱；你去帮助别人，别人也会帮助你。世界是互动的，你给世界几分爱，世界就回你几分爱。爱给人的收获远远大于恨带来的暂时的满足。"

听了方丈的话，他愉快地下山了。回去后他以积极、健康、友爱的心态对待身边的一切，他和同事之间的误解没有了，没有人和他过不去，工作也比以往顺利了，他发现自己比以前快乐多了。

生活中没有永远的仇人，只要心中的怨恨消失，仇人也能变成朋友。如果我们的仇人了解我们对他的怨恨使我们精疲力竭，使我们疲倦而紧张不安，甚至也许使我们折寿的时候，他们不是会拍手称快吗？那么我们为什么要用仇人的错误惩罚自己呢？

即使我们不能爱我们的仇人，至少我们要爱我们自己。我们要使仇人不能控制我们的快乐、我们的健康和我们的外表。就如莎士比亚所说的："不要由于你的敌人而燃起一把怒火，就让心中的烈焰烧伤自己。"

4. 播种善良才能收获希望

自古以来，"善"字始终受到世人的推崇：待人处事，强调心存善良、向善之美；与人交往，讲究与人为善、乐善好施；对己要求，主张独善其身、善心常驻。善意产生善行，同善良的人接触，往往智慧得到开启，情操变得高尚，灵魂变得纯洁，胸怀更加宽阔。

一位小和尚外出办事，在返回途中，突然雷声隆隆，下起了大雨。大雨滂沱，看样子一时不会停止。小和尚心急四望，忽然发现不远处有一座庄园，便立刻飞跑过去避避风雨。

因天已是傍晚，此处离寺庙还有很长一段路。小和尚就打算请求庄园的主人借宿一晚。

守门的仆人见是个小和尚敲门，问明来意，冷冷地说："我家老爷向来和僧道无缘，你最好另作打算吧！"

"雨这么大，附近又没有其他的小店人家，还是请您给个方便。"小和尚恳求。

"我不能擅自做主，等我进去问问老爷的意思。"仆人入内请示，一会儿出来，仍然不肯答应，和尚只好请求在屋檐下暂歇一晚，结果，仆人依旧摇头拒绝。

小和尚无奈，便向仆人问明了庄园主人名号，然后冒着大雨，全身湿透奔回了寺庙。

几年后，庄园老爷纳了个小妾，对她宠爱有加。小妾想到庙里上香祈福，老爷便陪着一起出门。到了寺庙，老爷忽然瞥见自己的名字被写在一块显眼的长生禄位牌上，心中纳闷，找到一个正在打扫的小和尚，向他打听这是怎么回事。

小和尚笑了笑说："这是我们住持三年前写的，有天他淋着大雨回来，说有位施主和他没有善缘，所以为他写了一块长生禄位。住持天天诵经，回向功德给他，希望能和那位施主解冤结、添些善缘，至于详情，我们也都不是很清楚……"

庄园老爷听了这番话，当下了然，心中既惭愧又不安。后来，他便成了这座寺庙虔诚供养的功德主，香火终年不绝。

拥有善心的人，才会有豁达的心胸，真诚地与人相处，善待家人、朋友和他人。和这样心地善良的人交往，如春风荡漾人们的心田。有爱心的人，能够得到生活的回报，真真切切地感受生活的美好。

善良之人经常造福于他人，实质上也是造福于自己。"帮助别人，就是帮助自己。"这句话绝不只是简单的因果报应，而是做人的根本。让善良与生命同在，对于人来讲是莫大的福分。

第二次世界大战时，一天，欧洲盟军最高统帅艾森豪威尔在法国的某地乘车返回总部，参加紧急军事会议。那一天大雪纷飞，天气寒冷，汽车一路奔驰。忽然他看到一对法国老夫妇坐在路边，冻得发抖。他立即命令身旁的翻译官下车去询问。

一位参谋急忙提醒他说："我们必须按时赶到总部开会，这种事情还是交给当地的警方处理吧。"可是艾森豪威尔坚持说："如果等到警方赶来，这对老夫妇可能早就冻死了！"经过询问他们才知道这对老夫妇是去巴黎投奔儿子，但是汽车却在中途抛锚了。这里前不着村后不着店，因此不知如何是好。艾森豪威尔听后立即请他们上车，并且特地将老夫妇送到巴黎。然后才赶回总部。

艾森豪威尔根本没有想过行善图报。然而，他的善良却得到了意想不到的回报。原来，那天德国纳粹的部队早已预先埋伏在他们的必经之路上，只等他的车一到就立刻实施暗杀行动。如果不是为帮助那对老夫妇而改变了行车路线，他恐怕很难躲过这场劫难。假如艾森豪威尔遭到伏击身亡，那整个第二次世界大战的历史很可能因此而改写了。

世人有时会认为善良的人很傻、很笨。其实善良是人性中最崇高的美德，行善积德的人令人敬佩。一个人有了善良的心，才能完善自己的人生。一个人不会因为自己的善心善行而损失什么，相反他还会因为他的积德而得到福报。因为善良是生命的黄金。

善良所带来的美丽，不仅发自内心，溢于言表，并且持久高贵。所谓相由心生。《巴黎圣母院》中的卡西莫多是世界文学史上的一个最著名的丑人，但在读者和观众看来，他实在要比那位卫队长和神父英俊得多。读者和观众之所以会有这样的审美感受，显然是因为他的奋不顾身的善良。

莎士比亚说过，外在的相貌其实是内心世界的一面镜子：善良使人美丽。拥有一颗善良的心，远胜过任何服饰、珠宝和装扮。美好的品行能帮你塑造美好的外貌，慢慢地令你周身透出可亲、动人和美丽的光芒，充满迷人的魅力。

播种善良，才能收获希望。一个人可以没有让旁人惊羡的姿态，也可以忍受"缺金少银"的日子，但离开了善良，却足以让人生搁浅和褪色。

5. 在低谷的寂寞中成长

人生在世，不如意事十有八九，身处逆境倒也寻常。但这些不如意的事如果都一股脑儿砸在一个人的头上，便是人生的低谷了。对于懦弱之辈来说就是万劫不复了；而对于意志坚强者，倒不失为一种锻炼，甚至是一种享受。

跌落在低谷的泥沼中，原本就遍体鳞伤，原本就伤心欲绝，原本就不知所措，总需要一段时间用来检讨，用来思考，用来仰首观察能走出低谷的路。只是，每迈一步都是那么疲惫，那么艰辛，那么痛苦，那么险恶万分。

于是，意志薄弱者做了一番无谓的挣扎后，颓废了，绝望了，索性坐下，木然地承受着灭顶的痛感。而心存侥幸者，却是异样的气定神闲，他只是等待，也只会等待，心中默念着对上帝的希冀，幻想着救命的绳索从天而降，或是有一架牢固的登云梯突现眼前；然后哼着小调，悠哉游哉地登上峰顶。然而，恐怕望穿了双眼等白了头，这种际遇也不会出现。只有意志坚定者，在痛定思痛之后，幡然觉醒。一边在泥潭中奋力跋涉，一边躲闪不时袭来的暗箭和石块。审视着四周的悬崖峭壁，思索着攀登的方法，而后便是尝试。哪怕是一棵小草，一段枯枝，哪怕是峭壁上的一个凸起，也是攀登的路，也是希望所在。

你是上述三种人中的哪种呢？

被日本人推崇为"经营之神"的著名企业家松下幸之助，曾经历过卧病在床、发不出薪资的窘境。他在自己的一本书中回忆这段日子时说道："只要我们本身具有开拓前途的热忱，从心灵深处拜他人为老师，虚心去学习，前途依旧是无可限量的。"

所以说，不要担心，只要生命仍然继续，咬紧牙关撑过去，明天我们就能享受幸福和欢愉。

约翰的父亲曾经是个拳击冠军，如今年老力衰，卧病在床。

有一天，父亲的精神状态不错，对他说了某次赛事的经过。

在一次拳击冠军对抗赛中，他遇到了一位人高马大的对手。因为他的个子相当矮小，一直无法反击，反而被对方击倒，连牙也被打出血了。

休息时，教练鼓励他说："别怕，你一定能挺到第12局！"

听了教练的鼓励，他也说："我不怕，我应付得过去！"

于是，在场上他跌倒了又爬起来，爬起来后又被打倒，虽然一直没有反攻的机会，但他却咬紧牙关支持到第12局。

第12局眼看要结束了，对方打得手都发颤了，他发现这是最好的反攻时机。于是，他倾尽全力给对手一个反击，只见对手应声倒下，而他则挺过来了。他获得了拳击生涯中的第一枚金牌。

说话间，父亲额上全是汗珠，他紧握着约翰的手，吃力地笑着说："不要紧，才一点点痛，我应付得了。"

看着父亲，约翰也想起自己经历过的那段苦日子。当时碰上了经济大危机，他和妻子先后都失业了。但是为了生活，他们夫妻俩每天仍努力地找工作。晚上回来时，虽然总是望着彼此摇头，但是他们从不气馁，而是相互鼓励说："放心，我们一定能应付过去。"

如今，一切都过去了，约翰一家人又回到了宁静、幸福的生活中。

而每当晚餐时，约翰总会想到父亲说的那段话，因此他想要将这段话传播开去。他要告诉孩子们与朋友们，甚至是他遇到的每一个生活艰苦的人：在困境中要告诉自己"我一定能应付过去"。

在人生的海洋中航行，不会永远都一帆风顺，难免会遇到狂风暴雨的袭击。在巨浪滔天的困境中，我们更要坚定信念，告诉自己"我一定能应付过去"。

当我们有了这份坚定的信念，困难便会在不知不觉中慢慢远离，生活自然会回到风和日丽的宁静与幸福之中。唯有相信自己能克服一切困难的人，才能激发勇气，迎战人生的各种磨难，最后成就一番大业。

人生本来就是要经历一个起起伏伏的过程，身处低谷并不可怕。当遭遇低谷时，不要为处境而感到惶恐，更不要沮丧、消沉。无论身处怎样的低谷都不应绝望，要相信未来，看到希望。溪流遭遇悬崖，纵身一跃而成就瀑布的壮美；枯枝面对霜雪，傲然挺立而能拥抱姹紫嫣红的春天。更何况，人处低谷看到的都是上山的路，低谷是人生的一道风景，也是一笔财富，更是一次难得的锻炼机会，人生因此而精彩。

正如孟子所云："天将降大任于斯人也，必先苦其心志，劳其筋骨，饿其体肤，空乏其身。"只要在逆境中保持乐观的精神、竞争的雄心，不断地向上爬，就能看到无限风光在险峰。要记住，人处低谷，那是"置之死地而后生"的人生潜力的发掘。在低谷的寂寞中成长，你会变得更强大。

6. 嫉妒害人，生气不如争气

生活中人与人总是有差别的。有差别就有比较，有比较就难免会有人产生嫉妒。不论多么聪明的人，一旦染上"嫉妒"的病毒，其所作所为就容易失去理智。

举世闻名的大化学家戴维，发现了法拉第的才能，并将这位铁匠之子、小书店的装订工招到皇家学院做他的助手。法拉第进入皇家学院后进步很快，接连搞出多项重要发明，甚至在戴维失败的领域他也取得了成功。然而，当法拉第的成就超过戴维之后，戴维便燃起了嫉妒之火，有意一直不改变法拉第实验助手的地位，还诬蔑他剽窃别人的研究成果，极力阻拦他进入皇家学会。这大大影响了法拉第创造才能的发挥。直到戴维去世，法拉第才真正开始伟大的创造。戴维本应享受伯乐的美誉，却因嫉妒心理阻碍了法拉第的迅速成长，给科学发展带来了损失，也使自己背上了阻碍科学发展、使科学蒙难的恶名，留下了令人遗憾的人生败笔。

春秋战国时庞涓与孙膑同学兵法，庞涓嫉妒孙膑的军事才能，用剜去膝盖骨的酷刑加害于孙膑，最后被孙膑设计射死，为天下人耻笑。三国时期，周瑜与诸葛亮同为军事奇才，但是周瑜心胸狭窄，容不得人，在"赔了夫人又折兵"后，哀叹"既生瑜何生亮"，吐血而死。从历史人物的前车之鉴中，我们应该明白嫉妒心过分滋长的危害。

有一名到美国留学，毕业后留在美国工作的中国人，在经历艰辛困苦之后，终于凭借自己的坚韧，在创业的道路上小有成就，在周围的华人圈子中也小有名气。但突然有一天，美国警察光顾他的公司，并将他带走协助调查，因为有人举报他参与违法活动。调查结果是举报不实，他也很快被放了出来，但刚刚走入正轨的小公司却经不起折腾，很快垮了下来。他想不出自己怎么会遭此横祸，用心调查了一下，原来是和他一块儿到美国，还经常一块儿坐坐的最好的哥们儿举报了他。他问那人为什么这么做，那人也很干脆：就是因为我们一块儿出来，你发达了，我怎么有脸去见别的朋友，必须把你拉下来。可见嫉妒可使好友变仇敌。

人们往往不能容忍周围的人超越自己半步，看得见、摸得着的"成功"最能刺激你的神经，所以嫉妒最容易发生在自己最熟悉的圈子里。我们一般不会嫉妒美国总统，不会嫉妒世界首富。

彼此越了解，嫉妒越强烈，这就是有的人允许陌生人发迹而难以接受身边人进步的心理原因。在一个单位，如果谁立功受奖或职务提升，立马就可能遭到周围一些人的嫉妒，因为他的某种优越表现恰恰映照出另一些人的某种不足。

在单位，云和芳关系非常好，姐妹俩几乎可以说是形影不离。梳同样的发型，化同样的妆；中午两人在一个饭盒里吃饭；谁要是说了云一句什么不好的话,芳准得跟那人没完;芳要是想拿谁开个玩笑,在一边敲边鼓帮忙解脱的肯定是云。

前些日子,单位准备竞岗,云和芳两人的岗位要合并成一个岗。尽管表面上看两人还是很要好,可实际上两人都偷偷较起了劲儿。比如云在电话里给芳说办公室里的事,芳便赶紧说:"先这样吧,回头再说。"匆匆挂了线。在别的办公室闲聊时,不知是谁说云干活特麻利,不料芳却说:"麻利是麻利,可保不准会出错,太快了肯定就不细了。"要在以前,芳是绝对不可能这么说的。

两个月后,竞岗的结果公布了:云上岗;芳转岗。中午在食堂吃饭的时候,大家再也看不见两人坐在一张桌子上吃饭了。迎面碰上两人总是一个脑袋扭向左、一个脑袋扭向右,都不约而同地加快了脚步,神情漠然地匆忙而过,仿佛在躲避瘟神一般。时不时的,会有人告诉云,芳在她背后说她什么来着,芳也能听说云说她的"坏话"……

心理学家告诉我们,嫉妒产生于相近的业界和区域,冲突往往源自利益的纠缠。每个人的利益均有其半径,当利益相交、相争夺时便会产生嫉妒。嫉妒还与竞争强度、个人竞争欲成正比。在一个毫无竞争的地方,当然不会有利益冲突,也就无所谓嫉妒了。

每个人都难免会有些嫉妒心在作怪,所以,每当我们看到别人发生不幸的时候,有时候幸灾乐祸的感觉就会油然而生。这种情况最常发生在那些与我们有利害关系的人身上,如此一来,我们就会觉得似乎又少了一个竞争的对手了。

但是,我们却忽略了他人在成功之前可能付出的汗水与努力,因此,每个人都应该反省自己,与别人相比,自己是否也同样地努力过。"眼红"的时候,试着马上改变思路,将妒忌心转换成对他人的美好祝愿。理解他们成功背后的尽力、运气和奋斗,真心祝福他们,用他们的成功激励自己。

要想消除嫉妒心理，就必须学会正确的比较方法，辩证地看待自己和别人。尺有所短，寸有所长。一个人只要能看到别人的长处，虚心地学习，就不会去嫉妒别人；同时也要相信自己，扬长避短，就能够不断地进取。

嫉妒害人，生气不如争气，努力提高自己是唯一出路。人生很重要的是不断超越自己，战胜自己。每个人的能力可能会表现在不同方面，我们要相信自己，找到自己的特长，明确人生目标。不要因为别人早早取得成功而心灰意冷，甚至轻易改变自己的方向，要相信自己一定会走出一条成功之路。

7. 你需要的是水，就不要去比较杯子

在生活中，我们每个人都可能莫名地生气，莫名地烦恼，看到什么都不顺眼，做什么事都提不起精神来，为什么会这样呢？

也许是因为生活压力太大，也或者是因为工作中遇到困难，甚至是家里人出现了什么意外……看起来，这些都是生气、烦恼的诱因，但是究其根本，却是一个人的认知问题。

弘一法师说："有些人因为错误的认知而痛苦了十几、二十年，他们相信别人背叛或厌恶他们，即使对方可能只是出自一番好意。一个错误认知的受害者，不但使自己痛苦，也连累周围的人。"

同学们到一个老师家聚会，本来是想叙叙旧，可是到了一起，同学

们却都在抱怨自己的生活如何不如意。有说工作不如意的，有说感情生活不满意的，还有说身体状况欠佳的，总之没有一个人是幸福的。

老师看在眼里，只是笑笑，什么也不说，然后拿出一大堆杯子说道："我不跟你们见外了，你们自己倒水吧。"

学生们纷纷拿起了杯子，倒上水握在手中。

这时，老师说话了："现在，你们手里每人都拿了一只杯子，仔细看看，手里的杯子和桌子上的杯子哪个漂亮些？哪个普通些？……这个很明了，你们手中的杯子都比桌子上的杯子要漂亮些。"

"谁不想自己手里的东西是最好的呢？"一个同学说。

"可是我们需要的是水，而不是杯子啊！其实这就是你们烦恼的根源。"

老师一句话，把大家说得恍然大悟。

你需要的是水，就不要去比较杯子，很多时候我们常依着错误的认知在行事。当看到美丽的太阳，你可能相信太阳就是现在这样子，但是科学家会告诉你，那是它八分钟前的样子。因为太阳与地球相距遥远，阳光需要花八分钟才能到达。

有一个人独自去旅行，第一站就是游历名山。当她气喘吁吁地到达山顶的时候，她被眼前美丽的景色迷住了。立于山巅，所有景色收于眼底，奇峰怪石，烟雾缭绕，美得令人心旷神怡。

都说无限风光在险峰，不爬到山顶怎么能欣赏到如此美丽的景致呢？她唏嘘不已，拿着相机不停地拍，似乎想把这美丽的景致全拍下来，天色向晚犹不自知。

下山后，才发现原本热闹的景区早已经少有游人了，而自己原本要搭乘的那辆班车也已经错过了。她在山下，抱着相机长吁短叹，愁眉不展。从山下到自己临时租住的小旅馆，至少有5千米的距离，步行回去至少要一个小时，更何况从早晨到现在，她已经在山上耽搁了整整一天，体力早已耗尽，哪还有力气走回去呢？

她坐在路旁，开始生自己的气，恨不得抽自己一巴掌。

正想着，一个卖山珍的老人收好摊子，回头问她："姑娘，天都黑了，怎么还不回去，在等人啊？"

她气呼呼地说："没车了，怎么走？"

老人说："没车了，就走回去，生气有用吗？"

她说："走不动了，我在气自己糊涂。"

老人乐了："就这事也值得你生气啊？我问你，你上山干什么来了？"

她说："旅游、看风景、娱乐心情啊。"

老人说："这就对了。既然是旅游，怎么旅都是旅，坐车和走路有什么不同？既然旅行是为了快乐，为了愉悦心情，你何必和自己生气，和自己过不去呢？"

她恍然大悟地点点头。真的迈开大步，徒步回自己租住的小旅馆了。尽管山里的夜黑漆漆的，可那是她第一次在山里走夜路，不一样的经历有了不一样的感觉。回到旅馆的时间比原来设想的还提前了一刻钟，洗漱完，她躺在旅馆的小床上，透过窗户，看着窗外的弯月，内心有一种从没有过的安宁。

我们必须非常小心地看待自己的认知，否则就会因此而受苦。你可以试着在纸条上写着："你确定吗？"然后贴在房间，这将对你有很大的帮助。

所以当生气、痛苦时，请回到自己的房间，深入地检视认知的内涵与本质，检视所相信的事。如果能去除错误的认知，祥和与幸福的感觉就会在心中浮现。

8. 谁也不能帮你驱除孤独，你必须学会爱自己

有时候一大帮人在一起打打闹闹，孤独的感觉却比一个人的时候还要强烈。因为你与周围的人格格不入，无法进入那种热烈的气氛里面，在这种热烈气氛的映衬下，你觉得更加孤独。而一个人的时候，海阔天空的遐想，反而不会觉得怎么孤独。

可见，呼朋唤友，置身于喧嚣的人群中，并不是驱除孤独的方法。

唯一的方法是哲学家说的"真正爱自己，依靠自己的力量"。

我们只有凭借体内自有的韧性和生命力去战胜经常降临的孤独感。能和自己做朋友，这才是自由的胜利。这个朋友永远在你身边，无论你落魄还是发达，开心还是难过，它都在你身边，鞭策你、激励你、安慰你。

有人曾问斯多葛学派的创始人芝诺："谁是你的朋友？"他说："另一个自我。"

人生在世，不能没有朋友。但在所有的朋友中，我们最不能忽略的一个朋友是自己。

能不能和自己做朋友，关键在于他有没有芝诺所说的"另一个自我"。这另一个自我，实际上就是一个更高的自我，同等重要的是你对这个自我的态度。

有些人不爱自己，常常自怨自叹，如同自己的仇人。有的人爱自己而缺乏理性，过分自恋，如同自己的情人，在这两种情况下，另一个自我都是缺席的。

成为自己的朋友，这是人生很高的成就。古罗马哲人塞涅卡说，这样的人一定是全人类的朋友。法国作家蒙田说，这比攻城治国更了

不起。

和自己做朋友，就要真正爱自己。

有人曾经做过一项调查："假如我们对你的恋人或丈夫做一次采访，那你最想从他们的嘴里知道些什么？"被调查者都不约而同地回答："他还爱我吗？"

"他还爱我！"这就是多数人想从恋人那里得到的答案，其中女性占多数。

而我们想问的问题却是："你还爱自己吗？"

也许你会说，谁不爱自己呢？是的，没有谁不爱自己，但真正是不是、会不会爱自己，却是一个问题。比如说，你每天为自己真正预留了多少专属的时光，没有动机、没有功利、没有交换，只是让自己充分自在地舒展开来，感受着自己，感知到自己？

在更多的时间里，你恐怕都忙于应付各种需要了：为家庭，为工作，为孩子……即使在一人独处不需要应酬谁时，你是不是也常会忘记要应酬自己？而依然在行为上或者惯性地想着应酬着这个或那个，或者自觉地鞭策自己，去充电，恶补情商或者管理经？

这些都不是真正爱自己的表现，都不能真正地滋养自己。爱自己，不是以物质贿赂自己——一掷千金并不见得是犒赏了自己；不是拿成就激励自己——成功也不见得能喂饱你；当然更不是以别人的眼光或者标准苛求自己，别人都满意了，你却不一定能够满意。

爱自己就是对自己的欣赏和喜欢，因为这个世界上你是独一无二的，你就是这个世界的唯一。

爱自己，并不是盲目自恋，而是能够认识到自己的缺点，坦然地接受自己的一切，不管是优点还是缺点。真心爱自己的人懂得快乐的秘密不在于获得更多，而是珍惜所拥有的一切。你会觉得自己是那样地受上天的恩宠，是那样幸福地生活在这个世界。这是一份难得的乐观心境，更是快乐的起点。具有这样的心境的人，无论是对生活、环境，还是对周围的亲人、朋友，都会自然流露出一股喜悦之情，感动自己，影响他人。

爱自己，和另一个自我做朋友，你才能真正远离孤独。

当然，这绝不是推崇我们去垒一道墙，躲在里面，拒绝关心与问候，而是要你学会和内心的另一个自我相处。这样，你就能成长为独立的一棵大树，而不是缠绕在别人身上依赖别人营养的藤蔓。大树的枝丫可以在空中恣意摇曳、伸展，没有固定的姿态，却有一种从容，一种得心应手的自信。

哲学家尼采在《查拉图斯特拉如是说》中说："你在内心深处很清楚，即使你身在人群之中，你也是跟一群陌生人在一起。对你自己来说你也是个陌生人。"如果你和自己都是陌生人，即使朋友遍天下，也只是热闹而已，内心仍然是孤独的。

身边多一些朋友，也许可以让你远离形单影只，却难以消除你内心的孤独感。就像金钱可以帮你打发空虚，却无力填充你的孤独。

我们要把孤独感看成是心灵深处盛开的罂粟，让你和自己的灵魂对饮。如果你懂得爱自己、善待自己，别人就容易看到你的魅力，会称赞你，你会从这些赞扬中得到更多的自信，你也就会活得越发光彩，永远保持对生活的热情，这是个良性循环。